宠物医生告诉你该怎么办

——让毛孩陪你更久

叶士平（动物西医，临床兽医博士）
林政维（动物中医）　　　　　　　　编著
春花妈（动物沟通师）

中国轻工业出版社

相见恨晚的毛孩照护书

认识叶医生缘自照料我生命中重要的伙伴——球球（小天使）时。

有一年球球突然开始哮喘和咳嗽，于是找到了叶医生。他从各个角度切入和细心地诊疗，面对慌张的主人（如我）提的一些互联网上找的偏方，第一时间都没有冷眼对我，耐心听也耐心解说，只要在不影响毛孩健康的前提下，都愿意让我们去尝试，甚至事后还会询问后续。面对兽医的专业，饲主有很多的疑惑，也许也有很多失礼的问题，但叶医生总会耐心地解答。

后来叶医生到了国外进修，只要一回国有时间坐诊，他的时间总是排得满满的，但即便如此，他也愿意抽出时间为每个有需要的毛孩诊疗。甚至在球球最后的那段时间，他人在国外，也大方地推荐他认识且信任的兽医师给我，让身为主人的我不至于乱了阵脚。

这段医患关系让我缠上了叶医生，只要遇到照护动物的相关问题，总厚着脸皮咨询他。后来他知道我去学了动物沟通，也和我交流了一些想法。也许我们面对医生的理性总有些退却，甚至以主人的角度出发会感受到医生的无情，但在一次和叶医生的谈话中，知道他也曾面对自己的毛孩生病，身为医生的自己却束手无策的时刻，记得当时他说："读了医学才发现更无力，因为你不是神，有太多事情是做不到的。"

言谈间可以感受到叶医生的伤感，但却必须努力站起来继续为所爱的动物奋战，这中间百转千回的情绪，实在不是我们能够体会的。站在第一线的医护人员，要考量的因素实在太多，能像叶医生这样既顾及专业，又能从饲主的角度出发，甚至愿意无私地分享，让理性的脑、感性的心保持弹性，时时刻刻在进修学习，真的是饲主们的明灯！

感谢本书的问世，有太多内容，都让我有茅塞顿开的感觉，初读文稿就忍不住跟朋友分享！因为那些生活中我们以为的"正常"或"好可爱"，竟然有些都藏有危机信号！

而这些都是我们在日常照护中所忽略，更不会主动提供给医生的信息啊！阅读时我总不时地想起过去遇到的每一个生命，有一种与本书相见恨晚的感觉！

如果能在兽医师的文字里，先理解这些基础概念，绝对能在照护毛孩时或看病时，让医患关系更顺利地进行，也才能更精准地为我们的毛孩提供最好的照顾。

这绝对是一本每一个家里有毛孩的主人们必须阅读的书！在医术精湛的兽医师指导下，我们也能成为一个尽责的医生，让我们的爱更加真实和贴近彼此；让我们所爱的，都得到应有的理解和照顾。

流行广播 **DJ**

动物医生不会跟你说的内心话

第一次进动物医院，我也不知道该准备什么，要跟医生说什么，只知道定期要去打预防针，连胖胖蛋蛋没掉下来这件事，都是医生在打预防针时告诉我的。对！当时我就是那个连公狗狗成熟后会掉下蛋蛋来这件事都无知的家长。后来也是去看医生时，医生提醒有轻微牙结石，这才开始胖胖的刷牙狗生。

很多照顾方面的知识其实是从医生、狗友、猫友、互联网上了解的，自己再借鉴适合胖胖的方式照顾，因为他们不会说话，又很能忍耐，年度体检变成了一年一度的重头戏，通过医生解读血检、拍片、B超的报告去了解毛孩的身体状况，留下每年的记录，也才能知道毛孩的身体变化。

胖胖还年轻时，我会问医生是不是该补充什么保健品，医生看过胖胖的体检结果后也会提供专业的建议，因为那时周围大部分毛孩家长都在东补西补，医生告诉我"不用"，他说胖胖还年轻，不需要吃这些补品，等4～5岁再开始就可以了，听完后除了觉得安心外，也省下不少保健品的钱！

有一年体检时，胖胖的肾指标略微超标，医生仔细询问日常饮食情况，发现我做的鲜食蛋白质含量过高，调整过后再复检便恢复了正常值。体检真的很重要啊！

胖胖8岁了，去年我决定在体检时新增心脏彩超的检查，也因此发现胖胖心室有轻微过大的现象，也就是说未来有可能会有心脏病的可能，不过，我们在这次留下了关于心脏的相关参数，日后再次追踪就有数据可以比对心脏的状况，也是一件很棒的事。

体检费用自然不便宜，不便宜的原因，看完本书后瞬间也觉得还好了，不然你得请人帮你做心脏搭桥手术啊！哈哈哈，无形之中通过体检提早预防，其实帮我们省下了更多医疗费用。

　　这本书里有很多动物医生不会跟你说的内心话，有很多家长在面对毛孩生病时的纠结：该不该安乐？长期照料时有可能会遇到什么状况？生病的原因是什么？这里除了有西医提供专业的解答外，也有最红的中兽医提供中医的观点，希望你们不会遇到一样的问题，但如果真的遇到了，起码能有个初步的了解。

　　毛孩不会说话，他的开心、难过、病痛都需要你仔细观察、用心记录，这样他们才能陪你长长久久哦！

胖胖的成长日记

让毛孩陪伴我们更久

我在这儿！天哪！竟然有这荣幸可以写推荐序，这都要感谢春花妈呀！

看完这本书，绝对会有许多想法、学到很多东西，每个人养毛孩一定都有很多的"第一次"，以看兽医来说，通常很多人第一次找兽医都是打晶片、打疫苗、驱虫……没了（我一开始也是)。然后就是等到毛孩真的生病了，才会去找兽医。因为大部分人的观念都是"没生病干吗找医生?"。

但毛孩们都会忍痛，因为不能说话表达，不像我们人类一样，可以清楚表达哪边痛，随时可以自己去看医生。所以等毛孩真的生病时，往往都是很严重或很明显的状况了，让主人们措手不及。

以奈奈的状况来说，柴犬通常好发的遗传疾病是白内障、青光眼，奈奈3岁时，有一天我发现她的右眼有一颗小白点，当下也是非常紧张、自责："平常为什么没有发现有异样，怎么会得白内障?"

后来经过上网查询后，找到兽医眼科权威机构检查完才发现这个小白点无大碍，只是脂肪堆积，也是因为这件事，我才开始学会定期追踪，检查奈奈的身体健康状况。

后来也因为认识春花妈后，才开始极力帮忙宣传毛孩年度体检，以奈奈目前的状况来说，前半年检查血液，剩下的检查后半年做完。当然也可以选择带毛孩打疫苗时顺便做体检，这样子也比较好记，因为每年都要打疫苗啊！提早预防以及治疗，才能让毛孩陪伴我们更久！

最后还是要啰嗦几句，养宠物真的没那么简单，不只是供他住、供他吃就行了，他们不会说话表达，所以我们要从平常的互动里培养默契，慢慢了解他们的需求是什么。我啰嗦完了，希望大家会喜欢这本新书，我真的很推荐大家不时地拿出来看一下！

柴犬Nana和阿楞的一天

饲主们的随身指南

宠物是人类最忠心的朋友。透过饲养宠物，我们可以从他们身上学到被爱，并进一步从被爱学到如何去爱。

然而，将宠物视为自己儿女的爸爸、妈妈们，常常太过于强调和重视与宠物相处的感情层面，却常常在饲养他们的专业上有所疏忽，造成很多因常识不足而导致的遗憾与自责。

本书是三位专家从行为学、兽医学、中兽医学三个专业领域，并以他们亲身经历的具体经验写成的书。内容简单扼要、深入浅出，可作为宠物饲主们的随身指南。故乐于推荐之。

原台湾大学兽医学院教授

解答饲主们在日常照料上的疑惑

很多人都知道（叶）士平的父亲是兽医界前辈，有一间相当知名的兽医院，求诊的动物病人非常多，所以士平从小就常常跟着一起待在医院，看着自己的父亲为猫咪和狗狗看诊治病，也许是受到父亲的熏陶以及他本人也喜欢小动物的性情使然，尽管知道兽医这条路既辛苦又艰难，还是毅然决然地踏上这条辛苦的不归路。

认识士平应该是他还在读大学的时候，他待人随和又谦逊，没有因为第一志愿考上台（湾）大（学）兽医专业而有丝毫傲娇之气，仍持续针对所学精进，而长年研究犬、猫肾脏专科的我，也十分明白他在犬、猫心脏医疗上所投入的心思与精力、专业与执着；精通英文、日文和粤语的他，进入辛苦的临床生涯后，也没有停下进修的脚步，还考上日本兽医师的执照，这些都是让我这个老骨头兽医望尘莫及、也需要向他学习的地方。

临床执业多年，每天面对太多饲主们提出的千百种问题，很希望能有一本相关书籍，解答饲主们在日常照料上的疑惑，因此当他希望我为他的新书写序时，我欣然答应。叶士平医生在台湾及香港有多年的执业经验，对待饲主也十分具有耐心与同情心，相信在他的妙笔记载之下，通过深入浅出的方式，都能够让饲主们更清楚地了解饲养宠物时所遇见的疑难杂症与正确的科普知识，非常高兴士平这本书终于问世，也很开心能与大家分享，相信对于毛孩和饲主们而言一定能有很大的帮助。

亚洲小动物兽医师协会主席、台北市兽医师公会原理事长

帮助饲主建立正确的观念

身为一个从业近30年的兽医，曾经不止一次想提笔写一些专业文献以外的科普型小品，因为这样的文章常常是帮助饲主最好的方法。无奈当初大学联考语文科目虽然选择题、非选择题以满分过关，作文成绩却是惨不忍睹。每每提笔想写却又屡屡放下，觉得还是不要伤害大众眼球比较好。

就在这数年间写写删删一无所成之际，忽然接到在香港的年轻兽医心脏霸主（没有之一）叶士平医生来讯，希望我为他的科普书写序，我才惊觉年轻人剑及履及的执行力让我有点无地自容。既然该做的功课被年轻人抢先了，帮他写写序冲高销量、感谢他为我完成心愿也是应该的。

士平是我认识的晚辈兽医中少数让我钦佩的人。他用自己的步调完成许多同辈医生无法完成的成就，却又同时能周游各国享受生活。拿我这个只知道埋头苦干、牺牲家庭、牺牲健康，换得小小成就的老心脏科医生作对照，尤其贴切不过。

由他这样的人来写给饲主看的兽医科普文章绝对能引起共鸣，帮助饲主建立正确的观念。不看内文而帮忙写序是非常不负责任的行为，因此我细细品读了这本书的文章。越读越觉得心中澎湃，因为篇篇都写进我的心坎，这些正是我该写而未写但饲主应该知道的常识。希望通过阅读这本书能让读者们在照顾家中毛孩的历程中不再觉得无助。

亚洲兽医内科医学院认证心脏专科医生

专心动物医院院长

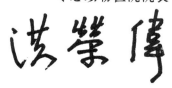

动物医生，可以请你说人话吗？

作为一个医疗工作者，或者说，作为一个专业人士，常常会被朋友羡慕我的工作。

"老叶，你有一份专业真好！不像我的工作，谁都可以做。"
"老叶，你好厉害！毛孩的问题果然还是要让专业的来！"
"你的工作好好呀！每天都跟狗狗猫猫在一起玩！"

不得不说，学而专精真的是不错，起码这份工作的竞争者已经有限，比较不容易丢掉饭碗。但是从另外一个角度来看，拥有专业的最大坏处，就是受限于专业。辛苦毕业考上国考拿了执照，多半就不敢勇于尝试其他领域的工作。既然当了小动物临床兽医师，整天就是帮助狗狗、猫猫跟病魔对抗，久而久之，职业病上身，看他们的眼神也不一样了。

正常人："哎呀！这里有只狗狗好可爱"
老叶："嗯……这只狗看起来应该已经是老狗了"
正常人："哎呀！他过来要我们摸摸呢！"
老叶："嗯……他牙结石还蛮多的，该洗牙了"
正常人："哇！他好像很喜欢你呢！一直抱着你的大腿！"
老叶："嗯……应该是因为我身上有狗的味道，所以想骑吧……"

多么煞风景的对话，却每天在我周围发生，有时候真的是一个不留神已经帮狗狗全身检查一遍了，简直就跟浩克（美国漫威漫画旗下超级英雄）控制不住自己要变身一样。

面对生老病死，我们需要更多的知识，更严肃地对待。学海无涯，就算结束了大学5年的严格训练，我们还是把领到的薪水拿去买原文书、报名进修课程。这样日复一日地被专业洗脑，很多动物医生一看到动物就开启医疗分析模式，一开口就是一连串的专业术语，不说你不知道，我们连假期的朋友聚会，几乎都是在聊最近遇到的困难病例，渐渐地，好像跟其他朋友的话题也变得贫瘠了。我们越来越有专业医生的样子，却越来越失去一个"正常人"的样子了。也难怪最近有人跟我说："什么？原来医生也会玩Switch（一款游戏）啊！？"

大概就是这样的潜移默化，动物医生常常会在诊室里讲出一些不是正常人应该讲的话。

医生："汪汪的BUN比较高，可能要多注意哦！"

饲主："医生，你说什么B什么什么N？"

医生："我说BUN。"

饲主："BUN是什么？"

医生："BUN就是血中尿素氮"

饲主："啥？"

医生："嗯……就是一个肾指数"

饲主："喔……那另外这个是什么？"

医生："喔，那个是另外一个肾指数？"

饲主："那这两个有什么不一样？"

医生："嗯……这个说来话长……它就是……！＃@％＄@＃﹀@＃＄！＃"

"唉那个……医生，可以请你说人话吗？"

嗯……原来在其他人眼中，我已经很久没说人话了啊……

爱因斯坦说："专家只不过是一条训练有素的狗。"作为一个动物医生，能够讲狗话是我的荣幸，但这也难怪，原来要我们说人话竟是这么困难。

这本书希望可以将一些难以理解的医疗术语，以及常常困扰毛爸、毛妈的医学困惑，用浅显易懂的方式诠释。这是一本找回我说人话能力的书，也希望它可以作为你与你家毛孩医生沟通的桥梁，帮助你翻译他们深奥难懂的"狗话连篇"。

什么！动物也能看中医？

"什么！动物也能看中医，是开什么药？怎么吃？药要熬煮吗？"

这是我在诊室跟客人介绍吃中药时，最常听到的话，其实毛孩吃中药的方式跟我们人类差不多，只是人可以勉强，毛孩有时候则要细心哄骗一下才能顺利达成。

目前动物医学教育均以西方医学为主，而传统医学的知识大多都是毕业后，动物医生自己再去涉猎，或者上课进修慢慢累积而来的，所以使用中药的动物医院比较少。我在念兽医专业之前是念人医的康复专业，毕业后通过中医检定考试合格，才最后走上动物医生这条路的。

这几年慢慢地有比较多的人询问中医及接受治疗，而我就是这样与春花妈认识的，一开始是要帮萌萌（春花妈的猫）调理肠胃，后来帮甜甜处理关节疼痛及曼玉的肾脏病等，后来有一天春花妈问我愿不愿意介绍一些中兽医的观念给其他饲主知道，因为春花妈常听到朋友或学生说就诊时有些医生有时对病情讲得太深或是没空好好讲，挺困扰的，那时春花妈与叶医生已经着手写一本跟毛孩疾病有关的书，春花妈以自身照顾毛孩发现的问题提问，叶医生以深入浅出的角度解说疾病的由来与治疗，后来春花妈想加入一些中兽医对疾病的治疗与看法，从而有了这次合作的机会。

我写的部分是从中医的角度解读春花妈提到的问题，经由专业上的回答，希望能浅显易懂一些，同时举一些饲主常会问的问题在书中回答，例如拉肚子可以吃些什么或是慢性腹泻时根据体质可以给予哪些食物、下肢行动不便时饲主可以自行在家按摩哪些穴位、猫咪常见的肾衰问题，也提供一些穴位可以按摩刺激保健肾功能等，饲主在家就能做到，再配合医生的处理，应该更能达到疗效。

　　老实说，中医很抽象，毕竟我们从小接受的教育大多与西方接轨，而中医是根据阴阳五行学说而来，常常解释什么肝属木、肾属水、八纲辩证，什么阴阳、表里、寒热、虚实，其实我刚接触时也觉得好抽象，事实上真的深入了解后才觉得博大精深，比我资深的前辈还有很多，我只是刚好有这个机会，与春花妈和叶医生一起合作，希望此书能让饲主有些收获，同时对毛孩有所帮助。

林政雄

如果能一起活成妖怪的话……

养了动物之后，梦想就变成是"一起健康地慢慢变老！"不用爱你一万年，虽然我很想跟你一起活成妖怪。

亲爱的动物们，你知道吗？我不会因为可以跟你一起变成妖怪，就不珍惜现在跟你们相处的时间，也不会因为时间变得很长，我就忘了珍惜你们，因为能够跟你们相遇，对我来说已经是奇迹了，而我相信奇迹，对我来说保障奇迹有两种做法，不科学的就是我去学动物沟通，哈哈哈哈哈哈，我会了！科学的就是相信动物医生！跟医生维持良好的沟通！然后我所追求"一起健康地慢慢变老！"的奇迹会更容易发生。

自我养猫以来，我就不断地询（骚）问（扰）医生，报应就是朋友也来叨扰我（咦？），不是啦！是我发现很多人听不懂医生在说什么，来，举个我过去荒唐的例子！

春花小时候，有天我发现他的下巴有血痕，从口中一路流出……我立刻冲去医院，撞开大门（我讲话真的不夸张！）

我抱着春花举向医生："为什么他流血？"

叶医生不慌不忙接下："我看看！"

我非常慌张："他为什么流血？"

叶医生："好，我看一下！"

我越来越大声："他为什么还在流血？"

叶医生："唉，这个……"

我：“他还在流血，他怎么了！”

叶医生：“这个没事啦！”

我很生气：“他都流血，你还说没事！”

叶医生：“那个，妈妈你冷静一下……”

我：“他都流血，你还要我冷静！”

叶医生：“你冷静才能听清楚哦！那个他……”

我秒回都要哭了：“我在听啊！”

叶医生：“那个，他是牙齿掉了！”

我：“为什么他牙齿掉了！”

叶医生叹一口气：“他就是年纪到了，换牙所以他掉了！这是很正常的过程，猫发育到够成熟，就会换牙，因为牙齿内部的结构会被吸收，只有外面留下一层壳，他会流血，应该是因为他跟萌萌在玩的时候，不小心太用力才掉下来，所以流了一点血，但是没关系，因为这个牙也差不多要掉了，所以这是正常的！妈妈你不用担心，要冷静一点！”

我：“哈，流血也很正常？”

叶医生：“因为他一定是跟萌萌玩到牙齿掉下去，你回去摸摸萌萌的身体，一定会有，而且他已经止血了，你不用担心啦！”

叶医生翻开春花的嘴巴，确实牙龈也没有什么特别的异样！

我心中怀疑看着他，想说“这个医生！”但我还是乖乖地回家了，然后萌萌身上有春花的一颗小牙！医生说的都是真的呢！但是他刚才在说什么？我真的都听不懂呢！为什么，他是不会讲人话吧！？（完全没有检讨自己！）

开始养的时候，我没有概念，这种基础性错误非常多，所以我常踢开叶医生跟王医生所在的医院大门！好在院长的门很厚，一直都没踢破！

更进一步，因为我遇到的问题更多，像是萌萌的慢性炎症性肠病、三茶的传染性腹膜炎或是春花的呼吸系统问题，我在就诊的时候，花越来越多的精力去听懂医生说的是什么，因为医生是协助我们维持品质的关键，但是生活是我们跟动物在过，如果你永远都听不懂医生说"多喝水跟注意蛋白质的摄取"，那养出再多的肾脏病猫也不是太意外，如果永远都只拿赖氨酸去对抗猫咪的打喷嚏，那你就会忽略其他呼吸系统的问题，如果你不愿意通过体检来确保毛孩的健康状况，而是在发生问题的时候，希望医生从人变成神，那奇迹发生的几率，可能会低一点。

我自己是全鲜食的妈妈，我的毛孩多数都有CREA（肌酸酐）和BUN（血中尿素氮）偏高的问题，因此我都会拿着健康检查的数据仔细地问医生，这是什么意思？这样的影响是什么？还可以做什么更好呢？你有试过吗？你有试过一个数据一个数据的问医生吗？我这样怼过蛮多医生的，因为我有了解的义务，当个妈妈要会的才华不用多，这一点是基本要会的。

也就是这样，我可以讲成比较人话的版本，所以很多朋友就会开始问我，到底医生说的是什么意思，我都会说："你为什么当下不问医生啊？"一种是听不懂不会问，一种是问了却还是不懂。我后来跟蛮多医生谈过这件事情，其实我觉得多数的医生都很友善，都很愿意多解释一点，但是因为家长可能也无法说得很明确，所以他们也就无法确认家长的疑惑点在哪里，而我这个假翻译机，常常回答得很惶恐，因为我不是医生，没有人可以取代动物医生的地位，而我希望在我能发声的位置，不管在哪一个方面，多促成沟通！

所以我严选了两位动物医生，一位中医林政维医生、一位西医叶士平医生跟大家针对特定案例来聊聊天，希望可以建立一些门路，让大家也学会问医生，或是更进一步地去理解医生如何治疗我们的毛孩，而不是从互联网、从路人朋友口中确认这些信息，毕竟动物是比我们勇敢而坚强的动物，他们突然倒下给我们的打击，很多人要花很长时间才能修复伤口，如果要选择受伤，不如学会预防，不是吗？

也许这本书，对有些朋友来说，还是有点天书的质感，但是你有想过"当你觉得你的毛孩怪怪的时候，你要怎么问你的医生吗？"试着把那些"怪怪的"的信息更仔细地讲给医生听，相信我，你会得到医生很详细的回答，如果没有，建议你换一个医生，我的想法跟叶医生一样，找名医不如找一个我听得懂的医生。我自己有8个毛孩，过去两年，我把6个比较健康的毛孩，送离原本固定检查的医院，到别处去做健康检查。一来是因为换个医生听听说法，毕竟鲜食家庭的有些数据比较有争议，二来是试着跟不熟悉的医生沟通毛孩状况，看会不会发现有其他的盲点。而在其中我也感受到我比较喜欢或是我比较不擅长表达的对象，缘分嘛，当然是找投缘一点的啦！

我很感谢出现在我生命中的医生，守护毛孩和我的生活品质，他们是我生活中最美好的朋友群，如果你们也用这样的心情去看待医生与自己的关系，将他们当成是特别的存在而不是压力或是疾病的符号，我们都会更有生活品质的呦！

愿我们都是为了毛孩一年去一次医院做体检，然后快乐回家的家长们！

另外，谢谢我的学生Mini姐姐、大壮妈妈、哈比妈妈、圆圆妈妈、小黑姐姐提供自己亲身的经验来帮助大家。最后，我想特别谢谢两位医生，没有他们在异常忙碌的生活之中挤出时间来写稿，希望拉近与家长的距离，让医疗更融入生活，这本书是无法出现的，真的很感谢老林跟老叶！谢谢你们！

C目录NTENTS

CHAPTER 1 医生，我有问题想问你！

CHAPTER 2 毛主人们,请听我说

医生，
我有问题
想问你！

一问一答间，解答你最在意的毛孩问题

Chapter 1

毛孩怎么会上吐下泻?

喜欢吃的饲料罐头怎么都不吃了?

呼吸得像是跑过百米短跑?

你是否也急得像热锅上的蚂蚁?

想要知道家里毛孩到底怎么了,

别急,我们来问问医生吧!

猫咪们的沉默杀手——心脏病

岁月不只不饶人，也不饶犬、猫，

年龄、基因，都可能导致毛孩们罹患心脏病。

不论对于人还是猫、狗来说，

心脏都是攸关性命的器官，

当毛孩们的心脏出问题，我们应该怎么做？

基本资料	
★主角：**大海**	
★性别：男	
★种类：猫	
★其他角色：无	
★毛主人：春花妈	
★症状简述：心脏病／心肌肥大	

我儿子看来一切如常，只有呼吸不是！

刚接触大海的时候就发现，他有张口呼吸的情况，并且肚皮还有剧烈的起伏，甚至连闭口都会有明显的肚皮快速起伏的症状，有时候是因为有些运动，有些时候根本没有明确的活动，我觉得非常奇怪。虽然刚领养的动物可能会有紧张的状况，但是一直张口呼吸，真的蛮吓人的。大海食欲跟排便的频率都还正常，虽然有考虑到是环境陌生的问题，这样的情况还是太不自然，所以回家没两天又送去给医生检查。

带到医生那边确认，医生说大海的心杂音非常明显，可能有心脏病，而在动物医学之中，心脏最好交由心脏专科来检查，所以我带大海去做完整的检查，包含拍片、心脏彩超、物理检查等。结果，医生确诊大海是属于心肌肥大型的心脏病，虽然目前没有吃药的必要，但是未来的日子很难说，因为心脏病是属于突发型的疾病，不保证毛孩不会突然发病。

我记得离开医院的时候，医生要我学会猫咪CPR（心肺复苏术）才可以离开，听着大海的心跳声，怎么觉得我的心跳也变得很小声？

老叶！老林！我们做妈妈的应该怎么办？心脏病发作了，我们应该怎么办？就算这毛孩个性很流氓，但我也爱啊！

我 想 问 医 生

1. 哪些猫容易患心脏病？

2. 为什么猫咪的心脏病很难发现？

3. 猫咪的心脏病到底会有什么症状呢？

4. 我该多久带他们检查一次？该检查什么？

5. 如果确诊为心脏病，照护时该注意什么呢？

每6只猫就有1只罹患潜在心脏病

西医来教你

心脏病对猫咪来说，是非常可怕的沉默杀手。很多猫咪在被诊断出有心脏病的时候，常常已经是晚期，甚至有些猫咪直到死亡时才被发现有心脏病，真的非常可怕。

一项2009年的美国研究中发现，即使是外观看起来完全健康的猫咪，仔细检查之后，竟然也有16%的猫咪患有心脏病，也就是每6只看似健康的猫咪当中，就有1只患有潜在心脏病！而且由于大多数研究的实验对象都是到教学医院就诊的猫咪，还有更多猫咪没有到大医院看病，甚至从来不曾走出家门，这都表示实际上可能有更多心脏病患没有被发现。

 哪些猫容易患心脏病？

 各种猫咪都有可能，不可不慎重。

根据国际上的文献资料，最容易发生肥厚性心肌病的品种就是"缅因猫"了，尤其在美国，罹患心脏病的缅因猫非常多。其他常见容易发生心脏病的品种包括英国短毛猫、美国短毛猫、苏格兰折耳猫、波斯猫、短毛家猫以及布偶猫等。当然除了肥厚性心肌病以外，心脏病还有很多不同的种类，所以几乎各种猫咪都有可能发生，毛爸妈不可不慎重。

 为什么猫咪的心脏病很难发现？

 猫咪的"宅"，藏住了病痛。

通常家中的狗狗如果有心脏病，主人很快就会感到不对，并带去看医生，但是猫咪却常常很难察觉，原因在于以下4点。

1. 少出门，体力上的变化不明显

通常养狗狗的家庭，都有习惯带狗狗出门散步，年轻健康的狗狗也常常会奔跑嬉戏，所以当狗狗体力下降的时候，毛爸妈很快就会注意到。但是大多数的"喵皇"都是足不出户的家猫，最剧烈的运动只有在家中跑跳，或者玩逗猫玩具。当他们体力开始下降的时候，可能只会减少活动，变得比较嗜睡，毛爸妈通常只会觉得他们变得比较懒惰而已，很难联想到是心脏病造成的体力下降。

2. 很严重之前，常无明显症状

狗狗的心脏病会造成心脏变大，在衰竭之前就有可能压迫到支气管造成咳嗽。但是猫咪的心脏病前期，通常不会造成心脏明显变大，即使后期变大了，也不会造成咳嗽。当开始看到症状的时候，通常都是已经心脏衰竭造成肺部或胸腔积液而出现呼吸困难的症状，此时就已经非常严重了。

3. 因为他们会怕，所以很少看医生

猫是比狗更敏感的动物，很多猫奴都有共同的经验，带猫看医生时，他们常会感到非常紧张，有些猫猫会在医院吓个半死，有些则是抓狂挠人，甚至在回到家之后，都可能会躲起来好几天不肯吃饭。所以为了避免造成猫咪的紧张，大部分毛爸妈都会尽量减少看医生的次数。减少猫猫的紧张，这绝对是正确的，只是有些时候就会错失了早期发现早期治疗的机会。

4. 猫的心杂音很多变，不容易被发现

狗的心脏病大多会有明显的心杂音。所谓心杂音就是心脏跳动时出现不正常的声音，可以让医生在听诊时发现，进一步仔细检查心脏。但是猫的心杂音

就不是这么容易发现了，因为他们心脏病的成因和狗不同，就算有心脏病也不见得都能听到杂音，就算有杂音，也会随着心跳的快慢，有时出现有时又消失，就算出现了，也不像狗狗这么大声容易听清楚。

最麻烦的是，即便确实听到有心杂音，也不代表一定有心脏病，有些健康的猫也可能有心杂音，需要进一步检查才能完全确认。所以，就算看了医生，如果刚好没有出现心杂音，也可能会因此没有想到要进一步做检查。

 猫的心脏病到底会有什么症状呢？

 以下这4个症状出现时，快看医生！

猫的心脏病最常见的明显症状就是喘气以及呼吸困难。

1. 张口呼吸

通常最需要注意的第一个症状就是"张口呼吸"，也就是看到猫咪像狗狗一样吐着舌头喘气。有些人看到猫这样喘气，会觉得像狗狗一样喘气好可爱，或者以为是天气太热所以他们像狗一样散热，但是正常的猫即使天气热，都不应该会这样喘气的！这个动作很有可能代表他的呼吸已经困难到光靠鼻孔已经不够，而需要张开嘴巴来帮忙。当心脏衰竭造成呼吸困难的时候，"张口呼吸"常常就是毛爸妈发现的第一个症状，尤其如果是没有明显运动就张口呼吸，那一定要尽快带去给医生检查，大海就是非常好的例子。

2. 肚皮或胸部剧烈起伏

另外，有些猫在平静的时候可能不见得会出现"张口呼吸"，但如果仔细观察，也许可以看到他的肚皮或胸部用力地剧烈起伏、或是较浅但快速的起伏。这种起伏状况都可能是已经开始在喘的症状，只是他还在努力忍耐，而没有张开嘴巴呼吸。如果发现这种奇怪的呼吸形态，必须及早带去医院检查确认。

3. 后脚突然瘫痪

除了喘气之外，有些猫也有可能出现后脚突然瘫痪的情况。这是最可怕的并发症之一，称为"动脉血栓症"。主要是因为当猫的心脏病越来越严重，造成心脏过分扩大，血液在心脏里面的流动不顺，就形成了一些异常的血块。

当这些血块被血流冲出来，跑到大腿，塞住主要的大血管的时候，大腿就顿时缺血而失去知觉、不受控制，出现类似中风的情况。一旦心脏病恶化到并发这种疾病时，通常能够成功治愈的机会就非常低了，而且猫咪会非常疼痛，毛爸妈务必要在发现的第一时间就立刻带去医院急诊，才能抢到治疗的黄金时间。

4. 突然昏倒

还有少数一些心律不齐的猫，可能会出现突然昏倒的状况，这也代表他可能有严重的心脏病，必须立即检查。当然，有前述这些不舒服的状况时，往往也会影响到他们的活力和食欲，如果发现猫不肯吃饭、喝水、无精打采，都应该尽早带去看医生呦！

 我该多久带他们检查1次？该检查什么？

 6岁以上的猫咪，每年至少抽血1次。

如果已经有症状，当然二话不说要赶快咨询你的动物医生。那如果猫咪看起来很健康，一般来说，如果猫咪的个性许可，会建议至少每年带去给动物医生听诊1次（可以配合打疫苗的时间一起检查）。

当然，就如我们前面所说的，因为猫咪心脏病比较特别，听诊还是有可能会遗漏。如果想要再准确一些，现在有猫咪心脏病指标的血液筛检项目可以做，只要抽血检验，就可以早期检测出一些尚无症状的心脏病。

我会建议6岁以上的猫，每年至少检测1次这个项目，作为健康检查的一环，及早发现沉默疾病的杀手。不过，这个血液筛检项目也不是百分之百准确，有些轻微的心脏病仍没有办法被检测出来，有时这个项目异常，也不见得就真的有心脏病，所以这个项目的结果还是需要主治医生依照猫的情况去做专业判读。

想更精准，可做心脏超声波

如果希望再更进一步确认，就会需要配合胸腔X光，以及诊断心脏病的黄金标准—心脏超声波。心脏超声波检查是比较特别的一项检查，需要高级的仪器设备以及高超的技术，最好由经验丰富的心脏专科医生来执行。毛爸妈可以到心脏专科医院做详细检查。如果费用许可，8岁以上的老猫，尤其是好发心脏病的高危险群，都建议能够每1~2年做1次心脏超声波检查，以便早期发现。

 如果确诊心脏病，照护时该注意什么呢？

 减少刺激，观察猫咪呼吸次数。

如果确定得到心脏病，最重要的事情就是要确实遵守医生的指示，如果猫咪需要吃药控制，一定要谨记按时吃药。因为有些严重衰竭的病患需要靠药物才能维持稳定，一旦没有按时吃药，很容易就会再度发病！

第二个需要注意的就是要避免猫咪紧张、害怕、激动或剧烈运动。例如：尽可能减少家中环境的变动、减少客人来家中拜访的次数、减少带他出门、避免和其他猫追逐、减少玩逗猫玩具等。但是定期回诊还是必须的，如果猫咪到医院时实在太紧张，可以跟主治医生共同讨论调整的方案，千万不要自行决定不回诊，因为这可能会延误调整药物的时机，造成病情恶化！

1分钟，呼吸不应超过35次

在家中可以观察的指标，最常使用的就是"休息时的呼吸次数"或是"睡眠时的呼吸次数"。毛爸妈可以在他们平静休息的时候，仔细观察猫猫胸口或肚子的呼吸起伏，一起一伏算是一次呼吸，正常来说静止休息的猫咪1分钟的呼吸次数不应该超过30次或35次（依照猫咪情况不同，主治医生也可能会建议你以不同的呼吸次数作标准）。如果猫咪在平静休息的状态都超过这个次数，表示呼吸开始变快，可能就是变喘的前兆。这个观察方法是国际上的兽医心脏专科医生都一致建议的，也可以用在健康的猫上，观察有无呼吸异常的状况发生。一旦发现有异常，就可以联系动物医生安排做检查，确认病情有无恶化。

在饮食方面，心脏病的猫咪要避免吃太咸的食物，以免盐分过高造成心血管的负担。很多心脏病的猫咪都有服用利尿剂，所以水分也必须适度地补充，要让他们有充足的水可以饮用，否则很容易造成脱水。当然如同大海的主治医生所说，由于心脏病是完全无法预期的，随时可能突然恶化发病，所以如果毛爸妈能在事前就先学会宠物的心肺复苏术心脏按摩，一旦紧急需要的时候也会帮上不少的忙。这方面的教学影片在互联网上也可以找到。

详细照护细节上如果还有什么问题及困难，别忘了都要及时向主治医生询问！

先用西药稳定病情，再用中药调理身体

通常所说的心脏肥大，一般是指心脏变得比正常大，但也有向心脏内部增厚的情形，容纳血液的空间并没有增大，有时反而变小，心脏细胞常受到损伤，出现纤维化后容易导致收缩无力及舒张不良。

中医跟你说

狗狗年纪大容易有，猫咪多为天生遗传

心脏肥大到后来容易造成心脏衰竭，临床上通常会有的症状：活动力下降、食欲下降、喘、呼吸较急促，严重的甚至张嘴呼吸或频繁咳嗽，而饲主通常是因为毛孩喘、咳得厉害才就医居多，通常狗狗的心脏病会随着年纪增高而增加患病的几率，尤其是小型犬更容易发生心脏瓣膜的疾病。

而猫咪心脏病根据国际研究及临床状况通常与天生遗传、基因较有关连，患病的年龄层分布较广，而且有时候有症状，但X光影像上心脏却不一定会变大，会需要更进一步的心脏超声波与心电图检查，所以定期带毛孩到医院进行健康检查是非常重要的！

对症下药，首先处理心衰问题

我国传统医学文献中没有心脏衰竭专有的病名。根据临床症状及相关检查，心脏衰竭的症状涉及传统医学中的：心悸、怔忡、喘咳、水肿、停饮、心水、心痹等范畴，所以会根据临床症状给予药物治疗控制，当心脏演变至心衰竭，通常会影响其器官，有真阳虚衰、水饮停留（水肿）、瘀血凝聚（血栓），还有水饮凌心射肺（肺水、咳嗽），痰热、痰湿阻肺（气短而喘）、肝气郁滞等。

治疗首要是处理心衰，病机重点在于真阳虚衰，所以首重温阳益气、利水化饮。其次根据症状加减药物，例如：需要加强活血化瘀还是需要化痰，疏肝

或健脾和胃等等。传统医学在治疗上有许多变化，会因为医生个人经验及习惯而有所不同，在温阳益气上我习惯用熟附子来温阳，参类补气，桂枝来通阳利水，若有心律不齐时会加炙甘草等。

其他器官也可能跟着出问题

个人实际临床上还是属于中西合并居多，因为有赖医学的进步，目前心脏超声波能够较准确测量心脏的状况及严重程度，通常会先给予西药控制急性期的状况，有时候毛孩可能多个器官出问题，例如，心脏瓣膜闭锁不全，同时肾指数或肝指数也高，但某些利尿剂或降压药对肾脏或肝脏有影响，所以同时搭配中药去调整心脏的症状，这样能减轻西药的需求剂量，同时也能稳定病情。

有时候心脏病常会随着年纪慢慢恶化，剂量上常常逐渐加重，所以若能合并中药的治疗，往往有一加一大于二的效果，年纪大有心脏病的毛孩往往也有其他疾病一起发生，这时中药也能一同调理其他问题，我们要考虑整体性的状况，只是有主次的分别。

另外与人不一样的是，临床上也会遇见一种特殊情况，就是喂药困难，再好的药吃不进去就是无效，所以各位家长请在毛孩小的时候就要训练，共勉之。

难以根除的大麻烦——疱疹病毒

一搬家、换季，毛孩的眼睛和皮肤，

立刻红肿、溃烂。

看着他们难以忍受地抓伤自己，

毛爸妈总是心疼不已，疱疹病毒是什么？

我们又该怎么办呢？

基
本
资
料

★主角：**春花**

★性别：男

★种类：猫

★其他角色：无

★毛主人：春花妈

★症状简述：皮肤、眼睛红肿／疱疹病毒

脸不是臭的，但皮是臭的

我看到春花的第一面，是隔着苹果绿的塑胶袋，打开来后，里面是一个简单的外出笼，外出笼里面是打翻的水跟一罐喷皮肤的药品。那时候的他，跟我的手掌一样大，眼睛红肿张不开，米色的毛皮下，多数都是红肿的皮肤。我简直不敢相信，朋友从互联网上购买的猫，竟然是用托运的方式寄来的。

我跟朋友立刻带春花去动物医院，这个幼猫身体有多处皮肤红肿、溃烂，眼睛则无法确定是免疫力有问题，还是感染的问题导致无法睁开。而猫咪通常会有呼噜声，但是春花因为鼻塞，不得不张口呼吸，医生说要照顾好，不然很容易连续出问题。

人生第一次想当英雄应该就是那个时刻，非常想要送那个乱繁殖的人去外太空，但是眼前让春花可以继续好好活下去，才是重点。

医生让我们从食物、营养品跟幼猫可以用的药品一起使用，但是春花好得很慢，而且才不到两个月就需要戴头套，因为他的眼睛跟皮肤都在红肿发痒，肉眼看得见的部分，都还可以比较有效地控制，但是他的呼吸系统就不是这么一回事了。

春花的呼吸声很大，时不时也会发出一种作呕的声音，我一开始觉得很可怕，后来医生才跟我说："那是猫咪咳嗽！"估计春花的肺也不太好，所以虽然补充了赖胺酸来控制他的疱疹病毒，但是春花还是好得很慢，只要气温一改变，他就变回红肿泡泡眼，然后咳嗽到全身抖动，而这样的状况，一直到现在都维持着！

老林！老叶！我该怎么办呢？

我 想 问 医 生

1. 疱疹病毒究竟是什么？

2. 发病时，我们该怎么做？

3. 日常生活该如何照护，才能避免发病？

它就像感冒一样，可大可小

疱疹病毒（Herpesvirus）大概是每个猫奴都得被迫认识的可怕敌人之一，因为从幼猫到老猫都有可能被感染，症状主要是打喷嚏、流鼻涕、鼻塞、流眼泪、结膜发炎红肿等。由于症状很像人的感冒，所以在香港也称为"猫伤风"，英文上也常简称为"Cat Flu"。

 疱疹病毒究竟是什么？

 轻则2周痊愈，重则引发肺炎！

疱疹病毒感染的病症可大可小，轻微的就跟人的小感冒一样，1~2周就会自然痊愈。但也有的会造成眼睛严重发炎、发痒，如果毛爸妈没有及早带他去看医生，过度地搔抓眼睛有可能会造成角膜受伤、溃疡、感染化脓。另外持续的呼吸道发炎也可能会继发细菌感染，使本来清澈的鼻水变成黄绿色的鼻脓，如果沿着呼吸道入侵肺脏，甚至还有可能引发肺炎，造成生命危险，实在不容小觑！所以一旦发现家里猫咪有前述这些症状，还是要尽早去看医生。

 发病时，我们该怎么做？

 务必要戴头套，并做好隔离。

通常医生会建议毛爸妈至少要帮猫咪戴头套（伊莉莎白颈圈），避免他一直去揉眼睛造成眼球受伤。另外，如果家中有不止一只猫的话，也会建议把生病的猫咪跟其他猫咪隔离，以免互相传染。在整天鼻塞、打喷嚏的情况下，通常猫咪已经闻不到食物的香味了，所以这个时期他们的食欲多少都会变差，有的甚至还会因为太不舒服而完全不肯吃饭。建议毛爸妈一定要多留意他们的胃口，如果好几天都完全不吃饭的，有可能还会需要毛爸妈一口一口亲手喂他。这些基本的照护，在还没来得及看医生之前都可以先开始执行，以免病情越来越复杂。

相信很多猫奴都有听过补充赖氨酸（Lysine）这种氨基酸营养品，对抵抗疱疹病毒是有帮助的。过去曾广为流传，给猫咪补充赖氨酸可以抑制疱疹病毒的繁殖，在动物医生们的治疗经验上，也有许多效果不错的案例，所以当你带猫咪去看病的时候，动物医生很有可能会建议你给他补充赖氨酸，或者将这个氨基酸加在口服药里面，春花小时候的疱疹病毒感染，我也是这样帮他治疗的。

然而，2015年有一篇研究论文报道，认为赖胺酸对于疱疹病毒可能没有效果，也没有科学证据，因此这篇论文建议动物医生们停止使用赖胺酸。不过由于这篇研究的结果跟多数动物医生的经验有差别，因此在兽医界还没有形成共识。另外，在严重感染的情况下，有些时候动物医生也会选用针对疱疹病毒的抗病毒药物来治疗，但由于这类药物的使用需要仔细评估风险和副作用，建议毛爸妈还是带猫咪去让动物医生详细检查，量身定做适合毛孩的治疗方案！

 日常生活该如何照护，才能避免发病？

 环境一有变化就要小心！

疱疹病毒还有一个最难缠的地方——它几乎不可能完全从体内被彻底清除。即使猫咪经过治疗后已经完全康复且没有症状了，它还是会潜伏在三叉神经里面伺机而动，等待猫咪身体免疫力下降的时候再出来肆虐。

幼猫不用说，免疫系统还没发育完全是最容易生病的，春花就是这样的例子。但除此之外，猫咪也是非常敏感的动物，即使是成年猫，只要有一些让他觉得长期紧张、心理压力很大的情况，就会降低他的免疫力，让他容易生病。

这些状况最常见的包括惊吓、环境变动（如刚被领养、搬家、家里有陌生客人拜访、饲主出差不在家等）、家中有新的成员，包括婴儿或新养狗猫等（与其他宠物的相处以及饲主注意力被分散都会造成压力）。

所以毛爸妈一定要特别注意，新领养时要给猫咪有阴暗的小窝可以躲藏，搬家时尽量带着猫咪熟悉的玩具和床铺。有陌生客人拜访尤其有孩童时，尽量不要惊吓到猫咪，家中如果有新成员，要尽量抽时间多陪猫咪玩耍，避免让他觉得被忽略。如果有新的宠物，一定要先和原本的猫咪隔开，之后再循序渐进，让他们听到彼此的声音、远远看到彼此的样子，最后才慢慢让他们近距离接触。多多注意猫咪的感受，才能让他们常保健康喔！

照顾有疱疹病毒的猫咪，以下几件事情该这样做！

1. 刚被领养时→准备阴暗小窝

2. 搬家→带着熟悉的玩具和床

3. 陌生客人来访→尽量不惊吓猫咪

4. 家中有新成员→先行隔离，并多抽空陪他玩耍

换季前1个月就可开始调理

在我的诊所内，常听到这样的对话……

饲主：医生，我们家毛孩最近眼睛分泌物好像比较多。

我：请问有流鼻涕吗（过敏或感冒）？咳嗽吗（感冒或心肺问题）？喘吗（心肺功能或疼痛）或是呕吐吗（相关问题太多）？

饲主：不知道呢（通常70%的饲主都这样回答），不过他最近会一直舔鼻子（这就是为什么有鼻涕，但饲主通常看不到的原因）。

饲主：那为什么眼睛分泌物变多？

我：眼睛分泌物变多，可能因为眼睛角膜受伤、结膜炎、鼻泪管阻塞或是感冒等。

我们通常将鼻泪管比喻成排水管，眼分泌物变多可能因为：

1. 制造变多，如角膜受伤、结膜炎、眼睛受到刺激等，来不及排除，结果从眼内角流出到外面，氧化成咖啡色，所以看起来特别脏。

2. 鼻泪管阻塞则跟呼吸系统相关，也就是排水管不通，泪水当然也会往外流，有些是先天异常（特殊品种，尤其以扁脸的为居多）的鼻泪管弯曲、狭窄，或是后天发炎，进而造成鼻泪管狭窄，排水不良。

以上是临床上呼吸系统最常见的问题，而接下来，我们谈谈另一种——疱疹病毒。

选择中性食物，有效平补气血

春花遇到的疱疹病毒，初期在中医方面治疗会先辨别属于风寒＋湿（鼻涕较为清澈）或是风热＋湿（鼻涕较浓稠），再来看看动物本身是否强健，食欲方面是否有影响，需对动物整体做个评估，一起调整，选择治疗的时候，更是注重整体性。通常会给予他们增强脾胃的中药，因为中焦脾胃强壮了，进而能增强自身的抵抗力，自然身体就有力气打仗，绝非一味只给呼吸道相关的药方而已。

目前疱疹病毒的复发，已知多跟免疫力有关，而首先要注意的就是营养的摄取，这也是我们平时就可以做的，若能将西方的营养学及中医的食疗结合效果会更好。西方的营养学注重均衡及适量的饮食，狗、猫的配方因物种关系也会有所不同，这方面建议咨询营养方面的动物医生会更好，而中医食疗方面则需要辨别症状，合乎体质去选择，根据食物的五性（寒、热、温、凉、平）及五味（酸、苦、甘、辛、咸）去选择符合毛孩体质的食物。

例如，春花因为疱疹病毒引起的呼吸道问题，导致身体的气变弱，但脉象还算平稳，这时可选用平性（中性）食物来平补气血，维持身体的能量，建议选用的食物有猪肉、蛋、地瓜、苹果、山药等。

疱疹病毒发作的情况还会受到天气的影响，换季的时候常常会引起眼、鼻分泌物变多，或是有感冒症状，那么建议在换季前1个月开始吃中药调理，如此能减少症状复发或降低症状的严重程度，当然若能同时保持营养均衡，减少紧迫感，有良好的生活作息，这样身体健康强壮，自然就不容易生病。

毛孩，你怎么老抓伤自己？

可爱外表的最大天敌——
过敏性皮肤炎

猫、狗抓痒很常见，甚至很多人觉得很可爱。

但当抓痒过度，那就不正常了！

毛孩们的皮肤红、肿、痒，看在毛爸妈的眼中也是万般不舍，

该如何保护他们美美的毛皮呢？

基本资料

★主角：**绵小花**

★性别：女

★种类：猫

★其他角色：阿咪阿（胖咪），绵小花的猫姐姐

★毛主人：春花妈

★症状简述：皮肤炎／皮肤严重过敏

妹妹啊，你的皮肤怎么总是红肿？

　　小花小时候头顶有5根黑毛，长大之后不见了，对我来说一直都是很神秘的事情……她一直都是蛮敏感的女生，在我经手的幼猫里，算是花挺多时间才变得亲人的，严格来说是因为她爱胖咪，也跟着接受我！

　　也是因为她花比较多的时间在猫身上，不是在我身上，加上如果过度抚摸她，她会很紧张，所以我通常都会简单确认就放开，但是她有一些症状即便在营养充足后，还是没改善，例如：

1. 皮肤很容易红肿：猫咪眼睛到耳朵上方的皮肤因为毛少，比较容易显红，但是她一路红到整个耳朵都是红的，并且伴随着点状的红点，然后一直抓痒。

2. 眼眶发红：通常猫咪的眼眶都是紫白色的，但是她的眼眶常常都是少女漫画般的水润，而且有时候红到会让眼睛变小。

3. 尾巴上可摩擦掉落的黑色末末：外表看不出来，但是实际上小花的尾巴皮肤表面有⅕是黑色的末末，是可以摩擦下来的。

因为觉得太奇怪了，所以还是带去看医生，初步的诊断是说她的皮肤比较敏感，一来可能是环境中有过敏原，二来可能是因为她吃到不能吃的东西，而尾巴的部分是天生脂漏性皮肤炎，比较难改善。

因为这位医生知道我是鲜食妈妈，所以建议我先做食物上的简化来确认，因为环境的问题可能会因为太广泛而无法聚焦改善，经过3个月左右的测试，我发现不吃羊肉，小花的瘙痒症状会少很多。

但是在结扎后，我又发现了新的问题，她的脚趾皮会裂开，而且是全部的脚趾，然后术后的伤口虽然顺利地恢复了，但是一直没有长出完整的新毛皮，一直是粉红色的肚皮。虽然也有考虑是她自己有舔毛的情况，但是整体的皮肤状况还是偏脆弱，并且在跟其他猫咪游戏的时候，如果有抓咬的状况，留下的伤口也比较难好，我女儿跟我不一样，可以靠脸吃饭哦！

老叶！老林！怎么办？！我女儿是个小公主啊！

我 想 问 医 生

1. 为什么她们会严重抓痒？
2. 我该如何找出过敏原？
3. 有没有可能同时对不止一种东西过敏呢？
4. 毛孩皮肤发炎时该怎么做？
5. 我该如何杜绝过敏原？

人会过敏，猫狗当然也会

很多毛孩都有慢性的皮肤问题，尤其狗又比猫来得更加明显。毛爸妈常会发现他们一直抓痒，掉毛、掉皮屑，皮肤发红、油腻，还可能长出很多红疹、结痂，严重的甚至可能抓得遍体鳞伤，全身光秃秃，还长出像是大象皮的苔藓化组织。

 为什么她们会严重抓痒？

 常见两大原因：寄生虫、过敏

会造成严重瘙痒的皮肤病有很多种，最常见的其实是外来寄生虫感染。跳蚤、壁虱、皮虱等的寄生虫会在皮肤表面附着及移动，造成明显搔痒，严重的感染也可能造成皮肤炎，所以遇到毛孩搔痒，第一件事一定要先确认有没有这类寄生虫的感染，平时也要做好预防。其他皮肤寄生虫还包括耳介虫、疥癣虫和毛囊虫等，都会造成瘙痒及皮肤发炎。尤其是疥癣虫会在皮肤里面来回钻动，造成毛孩奇痒无比，连饲主都会被感染，一定要特别注意。

排除掉感染问题之后，最常见的瘙痒就是像绵小花的这种过敏问题。所谓"过敏"通常都是体质的问题，所以每个毛孩会对什么东西过敏都不一定。过敏的机制是身体在第一次接触过敏原之后，经由免疫细胞辨认这是外来需要被抵抗的物质，免疫细胞会记住这个物质，以便下次更快地发动攻击。当身体在第二次接触过敏原的时候，免疫细胞就会快速产生大量的抗体，诱发细胞产生过敏的反应，而造成组织红肿发炎。皮肤发炎只是过敏的其中一种表现，当然也有非常严重的过敏反应会造成呼吸道水肿、低血压，进而休克死亡都有可能。在这里我们先讨论过敏性皮肤炎的部分。

 我该如何找出过敏原？

 从记录和筛选开始下手吧！

过敏性皮肤炎又以食物过敏和异位性皮肤炎最常见。食物过敏就像是有些人喝酒会起酒疹，吃海鲜会全身发红一样，是对食物中的某些蛋白质过敏，造成皮肤红肿发痒。很多人在小时候就已经知道自己对什么食物过敏而加以避免，但毛孩无法选择自己的食物，就很容易拖到症状明显了才被发现。

1. 先把食物单纯化，逐一检测

想要知道毛孩是不是对食物过敏、对哪一种食物过敏，其中一个方法是抽血做过敏原检测，这是去测量血液中与过敏反应相关的其中一个抗体，如果针对某种过敏原的抗体过多，就有可能是对这种物质过敏。然而，并不是每一种过敏反应都是透过这种抗体诱发的，也有很多没有过敏的狗可能被验出阳性反应，所以这种测量方法的确有一定程度的参考价值，但并非百分之百准确。

食物过敏的来源，除了作为主食的饲料之外，其他罐头、零食、洁牙骨等都有可能。所以要确实找到过敏的来源，首先要做的就是把食物尽量单纯化，戒掉所有的零食，只吃单一成分的食物，来测试毛孩到底是对哪一种食物过敏。由于过敏原通常都是蛋白质，所以肉类是最常见的食物过敏原，但饲料也会有其他添加物可能造成过敏，所以毛爸妈必须详细记录毛孩吃的是哪一个品牌、哪一种口味的饲料、吃了之后的反应如何。

鲜食爸妈比较容易控制食物的成分，但就要小心营养不均衡的问题。在食物开始单纯化之后，假如成功避开了过敏的来源，就可以看到皮肤症状慢慢改善。但有时候过敏症状不见得一换食物就能很快消退，所以每一种成分的食物都要花几周去尝试才能确定没问题。

2. 改选择水解蛋白饲料

如果毛爸妈想要尽快让食物过敏症状消退，又怕选来更换的饲料仍然有过敏原存在，目前大品牌的处方饲料其实都有针对食物过敏提供的配方。其中一种是水解蛋白饲料，它的原理是将食物中的蛋白质事先分解打碎，让这些蛋白质的体积缩小到无法被抗体辨识，进而避免后续的过敏反应。另一种低过敏饲料是选用比较少作为饲料成分的动植物蛋白质，如鱼类、鸭肉、马铃薯等来作为主要成分。

前面提到过敏的机制是身体的免疫细胞记忆了之前接触过的过敏原，第二次又接触到时才发动过敏反应，所以如果把毛孩的食物换成以往从未接触过的食材，就有可能减少发生过敏的机会。当然这类型的低过敏饲料还是一样要测试6~8周，才能完全确认效果。当毛孩用上述的方法成功找到安全的食材之后，毛爸妈也可以再一步步慢慢加入平常常给的零食，一个个筛选出过敏的来源。

事实上，有时候过敏症状的消退，可能也跟环境变化有关，例如，毛孩可能是在潮湿的时候对空气中的灰尘过敏，但在换饲料之后碰巧天气转晴，过敏原就消失了，这样就会让我们误以为他是食物过敏。所以最科学的做法会建议在换饲料过敏症状消退后，再次尝试给予原本的饲料去确定她的过敏真的是由食物造成的，如果一换回饲料过敏症状又复发，我们才能真正确认它是问题所在。然而，一旦确实复发，毛孩可能又得再花6~8周才能让皮肤状况再次稳定，这个过程往往会让家人觉得前功尽弃，所以这种标准做法其实很少能够被实际执行。

最难测的过敏——异位性皮肤炎

异位性皮肤炎指的是由环境中的过敏原所造成的过敏性皮肤炎，通常也是跟体质有关，也就是有些基因上的遗传造成毛孩的皮肤对环境中特定的物质容易产生过敏，进而发炎、瘙痒。异位性皮肤炎呈现出来的样子跟很多其他皮肤病都很像，症状也会受到很多不同因素的影响而呈现不同的形态，所以要确定诊断异位性皮肤炎其实是不容易的。

过去兽医界研发出一些检测指标来帮助诊断异位性皮肤炎，但准确度都不理想，所以目前来说，动物医生通常会根据毛孩皮肤病灶的位置，配合详细的病史、发病的时间点及症状等综合评估，来推测是否有异位性皮肤炎的可能。更重要的是，还必须把其他种皮肤病全都排除才能肯定，尤其食物过敏跟异位性皮肤炎呈现出来的样子非常类似，如同前面所说的，必须要花很多时间才能将食物过敏的可能性排除。

想要了解环境中到底是哪一种过敏原造成过敏，可以利用抽血检验的方法，去验过敏相关的抗体，看看哪一种物质会引发较多的抗体形成。但这种检验的结果仅能作为参考，并不能百分之百准确。

 有没有可能同时对不止一种东西过敏呢？

 有，而且很多喔！

事实上，过敏的发生通常是像堆积木一样，是一层层累积起来的。毛孩有可能对好几种过敏原都只有轻微过敏，个别接触的话可能不会有明显反应，但如果这些过敏原全部加在一起，超过一定的临界值时，就会引发明显的过敏发炎。所以的确有很多毛孩不只对一种东西过敏，也有很多毛孩同时对食物及环境中的物质都过敏，造成问题更加复杂。

不过反过来说，只要我们减少过敏原的数量，把其中几块积木抽掉，让积木的高度低于临界值，即使没有找出所有的过敏原，也能使症状大幅改善。兽医师在处理毛孩过敏的问题时，就是用这样的观念治疗的。

毛孩皮肤发炎时该怎么做？

 务必戴上头套，甚至穿上衣服！

皮肤发炎时，务必戴上头套，避免抓咬，也可考虑穿上衣服。

通常皮肤正在发炎时，毛孩会一直不停地抓痒，也会用舌头舔以及用嘴巴咬。很多皮肤的伤口以及掉毛都是因为不停地抓咬造成的，而且由于指甲和口腔往往藏有很多细菌，这些伤口很容易就会被细菌感染，使皮肤问题更恶化，变得更加复杂。

戴上头套（伊莉莎白颈圈，也有人昵称"羞羞圈"）除了可以防止毛孩回头舔咬自己的身体之外，也可以防止他们用脚抓伤头部和脸部。然而，头套没有办法防止他们用脚抓伤自己的身体，所以在看医生之前可以先暂时穿上衣服，防止他们抓得遍体鳞伤。等动物医生做过详细检查之后，通常会给予消炎、止痒药物，但是头套还是必须持续配戴直到疗程结束，这点非常重要！很多毛爸妈会一时心软，觉得毛孩戴头套很可怜，就自己把它拿掉，反而让毛孩把自己越舔越发炎，继而感染，让情况更一发不可收拾。

 我该如何杜绝过敏原？

 六大方法，保护你的毛孩

在充满过敏原的环境中，你可以通过以下6种方法，来减少过敏发生几率，让毛孩们可以美美地过每一天。

1. 勤洗澡

毛孩有时出门散步在地上打滚，或在家中，都有可能粘附很多灰尘污垢在身上，这些环境中的脏污难免可能有过敏原在里面，一直刺激皮肤就会让过敏发炎的情况更严重。勤洗澡可以把这些脏污过敏原洗掉，如果已经有感染的情况，勤洗澡也能帮助保持皮肤干净，减少细菌量。一般来说我会建议有皮肤问题的毛孩每周至少洗1次澡，选用温和滋润皮肤的洗毛精（避免使用人用的沐浴乳，适用皮肤酸碱值是不同的），如果有感染的情况，医生也可能会开处方药浴，也可能1周洗2次。

很多猫奴觉得猫会自己理毛，不需要特别洗澡，造成很多猫猫好几年都没洗过澡，有些甚至毛都打结。其实以人自己来作比喻，人也会保持自己身体清洁，不会把自己弄得很脏，但你想像如果自己好几年都不洗澡，会有多不舒服？"猫不用洗澡的传言"主要是来自很多猫咪都很怕洗澡，强迫冲水有时会造成他们过度惊吓，所以很多人都不想跟猫咪搏斗。但其实如果动作轻柔，慢慢让她们习惯，还是有很多猫咪可以接受定期洗澡的。尤其是长毛猫很容易藏污纳垢，自己理毛能够清理的程度很有限，所以帮猫咪定期洗澡还是非常重要的哦！

2. 补充欧米伽-3（Omega-3）鱼油

已经有很多研究证实，欧米伽-3鱼油能够改善皮肤发炎的状况，并且能增加皮肤的保护力。所以毛爸妈可以考虑选择添加欧米伽-3成分的饲料，或是额外购买欧米伽-3鱼油给毛孩补充。如果是额外补充的话，剂量和品牌可以向医生询问，选择适合她的产品。当然，也有很少部分的毛孩运气很差刚好对鱼油里面的成分过敏，所以细节还是要跟动物医生多多讨论。

3. 勤打扫，使用空气净化器和除湿器

前面提过异位性皮肤炎通常是环境中的过敏原导致，而环境中很常见的过敏原就是尘螨和毛发。这些空气中的过敏原通常在潮湿的天气下会更容易沉降下来，粘附在毛孩身上，造成过敏发炎。所以毛爸妈可以在家中使用除湿器保

持空气干爽，加上空气净化器过滤掉空气中的灰尘杂质。平时也要勤打扫，使用抗尘螨的寝具，减少灰尘的堆积，才能减少过敏原的接触。

4. 避免给太多不必要的零食

生活中各式各样的物质都可能造成过敏，很多零食对其他毛孩没有影响，但对过敏体质的毛孩可能就是造成过敏的元凶，所以如非必要，应该尽量避免给予毛孩太多杂七杂八的零食，以免皮肤状况更难控制。有些人会说无谷或是羊肉饲料不容易过敏，其实它们的原理都是减少常见的过敏原，或是给毛孩一个没有接触过的蛋白质来源，实际的效果还是因人而异，例如，本篇的主角绵小花就是对羊肉过敏，因此保持食物和环境单纯，减少接触到更多过敏原的可能，才能避免过敏反应的累积超过临界值。

5. 定期做好外寄生虫预防

跳蚤的寄生除了本身就会造成瘙痒之外，很多也会进一步引发过敏反应，造成皮肤更严重发炎。其他在前面段落提到的外寄生虫感染也会让皮肤状况更差、更复杂，所以平时就要做好外寄生虫的预防，才不会让皮肤受到破坏。市面上外来寄生虫预防的产品很多，包含各式各样的滴剂、口服药锭、项圈或喷剂都有，有些是1个月使用1次，也有一些是3个月使用1次就可以，而且不同产品能够预防的寄生虫种类也各不相同。建议毛爸妈向动物医生咨询适合家中毛孩的产品，选用大品牌的产品比较有保障。

6. 向动物医生咨询，做更详细的检验

医疗的问题，最终还是需要专业的判断。有些毛爸妈想省钱不看医生，结果自己胡乱尝试坊间的产品，不仅没有效果还花掉更多钱，最后皮肤恶化到不可收拾才就医，反而是赔了夫人又折兵。其实有些皮肤疾病并不是表面上那么简单，背后可能还藏有内分泌、免疫系统甚至是肿瘤等的问题。如果动物医生

发现情况不单一，有可能会建议进行皮肤采样，用显微镜仔细检查皮肤组织的细胞结构，来找出最关键的病因。所以务必还是要带毛孩去医院就诊，千万不要自己盲目乱试！

照顾过敏毛孩，以下6点要注意！

1. 一周至少洗1次澡

2. 多补充欧米伽-3鱼油

3. 勤打扫居住环境

4. 少吃零食

5. 预防外来寄生虫

6. 别乱尝试坊间医疗产品，相信医生吧

皮肤问题，治标更要治本

中医认为造成皮肤病的主要原因，是身体受到某些影响，而反映在皮肤上，或许你也曾听过："你的情况就是体内有毒素，所以建议要吃某某来排毒"那究竟要排什么毒呢?什么样的毒会造成皮肤的搔痒、红疹、脓疱、鳞屑等?

中医将毒素也就是病因的来源可分为体外感染和体内产生两种。

体外感染：外感病邪（风、火或热、湿、毒虫）所致。

体内产生：体质禀赋不耐（先天体质虚弱）、脏腑功能失调、心因性、痰饮、瘀血。

体外感染，会通过代谢自行痊愈

体外的病邪侵入身体后，若身体正气足够，也就是免疫力强，那经过身体代谢对抗后，就会自己痊愈，但若是抵抗力不足，受到气候及所处外在环境的影响，而感受这些外来的病邪后无法适应，不能代谢出去遗留在体内就会变成毒素，进而在皮肤上反映出来。

那外来的病邪有什么表现呢？例如，风邪会导致搔痒、剧痒，皮肤干燥有皮屑，病兆部位不固定；湿邪会表现出小红疹、搔痒、湿疹或伤口溃疡，容易反复发生；火邪及热邪会造成较大的红疹、脓疱、或是糜烂的小脓疮；蚊虫叮咬引起搔痒、丘疹、脓疹等等不一，还有毛囊虫及疥癣虫。

体内产生，需要排除真正病因

另一种过敏，则是来自身体内的问题，禀赋不耐也就是先天体质虚弱，即过敏体质：异位性皮肤炎，食物过敏，接触性过敏，药疹、心因性舔毛等。

脏腑功能失调时可透过发病部位，推断脏腑问题。五脏有其对应身体的部位，所以也会根据发病的部位，参考其脏腑是否有出问题，使用药物去调理。例如：爪发病，则对应肝；脸发病，则对应心；唇发病，则对应脾；毛发病，则对应肺；发发病，则对应肾。

皮肤瘀血、肿胀，先解症状再除病因

痰饮：指的是体内液体代谢异常，在皮肤会造成浮肿或淋巴结皮肤上附近有大小不一的肿块。

瘀血：因气滞，寒湿凝滞，使得血行不畅，血热使得血瘀于外，易造成紫斑、皮肤干燥、色素沉淀等。

在治疗上需做到"标本同治""急则治其标，缓则治其本"的原则，先减缓或解除皮肤目前有的病状，再调理排除真正的病因，减少反复发生的机会，一般来说我们将目前造成皮肤病的病因当作是"标"，辨别病因后，利用不同方式去处理。例如：发汗时，可以去风邪、寒邪、湿邪；发热时，可以去火邪、热邪；活血化瘀时则可以清血瘀、血热。

等体内毒素处理好了，就可以调理身体了，这便是治本，"本"的意思就是身体解毒的机能。我有一位客人养了2只法斗，生活在一样的环境，吃一样的食物，其中体型大的叫秘鲁，常常有皮肤病，另一只叫咩咩的就比较少发生皮肤病，就算发生症状也比较轻微，这种情况就跟先天体质有关。体质当然可以调整，只是调理过程总是较缓慢，预防是治未发生的病，这需要饲主的配合，饲主也要有预防的观念，否则就是容易反复发生，则要反复上医院了。

究竟该给毛孩吃什么？

怎么进食是门大学问——肠胃疾病

虽然说人吃五谷杂粮，没有不生病的，

但看到自家毛孩上吐下泻，真的相当心疼呀！

到底我们该给毛孩什么食物？

干粮好？还是鲜食好？一起听听医生怎么说。

基本资料

★主角：**萌萌**

★性别：男

★种类：猫

★其他角色：春花，萌萌的猫弟弟。

★毛主人：春花妈

★症状简述：经常性呕吐／IBD（慢性炎症性肠病）

你怎么天天在吐？

开始发现萌萌经常吐的时候，他已经进展到2天就吐1次，一吐就是三四滩，从吐食物变成只吐出泡泡水，我跪在地上，越擦越觉得——这样不正常。回过神思考，萌萌一直没有超过4千克，这辈子还没有。

他吃的东西没有比春花少，大便也湿润漂亮，但是当小他2个月的春花轻易地超过4千克时，萌萌还是幼猫样。

我开始上网找资料，发现猫咪吐好像是一种常态，因为猫咪身体可以分泌的消化酵素，很难消化干粮中所含的碳水化合物，所以容易吐。我咨询了医生，也得到类似的说法，也得到"不是全世界的橘猫都会变成巨大款"的答案，虽然这家医院有一个巨大巨大款的"橘猫"当副院长。

虽然我也很向往有一只巨大的橘猫，可是有公狗腰的萌萌也很好……但是一直吐的萌萌不好。考量自身当时的情况后，我决定从食物下手改善。

一步一步来，从干粮减量到全鲜食

刚开始的时候很辛苦，因为那时候我家固定有4只猫，还有临时喂养的猫，所以干粮会固定有幼猫饲料，又油又香又好吃啊！我发现偷吃幼儿干粮的萌萌吐得更多，也更容易偷跑出去找草吃，然后吐得更彻底。这时候我都不禁思考——猫咪这样到底是在帮自己，还是害自己？

总之，我从干粮减量开始着手，反正家里没有比萌萌更瘦的猫，所以全部的孩子都从干粮减量1/4开始，并增加一餐加水的罐罐，前期萌萌的呕吐明显变少了，我以为这样就是一个好方法。但大概过了2个多月后，萌萌又开始恢复到两三天就一大吐的状态，我再把干粮减量到1/2，一样又开始好转，而且家里的胖猫也瘦了一些，健康检查也都过关。我认真思考，是不是要转为全鲜食？因为我同时也试着实验，连续几天整天都吃罐头，萌萌并不会吐。

猫咪本来就是全肉食的动物，回到全肉料理，应该是很合理的啊！我一边这样想，一边把工作转型成在家里工作，反正赚多赚少都是花在猫咪身上，一起活出更好的品质，对我们的生活才有意义，虽然换到了更小的房子，但是猫咪的饭多了很多肉。

一开始真的非常浪费，生活已经可以减少到剩下1/3的干粮了，其余的3顿全部都是肉，猫咪也非常的不耐烦，会用各种方式发脾气、拒绝吃饭，但是我一边再把1/3减到下一个1/3然后到无，用零食跟罐头加水煮肉，取代他们对于干粮的依赖。花了近2年的时间，萌萌终于可以稳定到1周吐2次，且不会吐出胃水，血检指数也在合理的范围，但是他的体重也停滞了2年，一直是3.6千克，这是拥有公狗腰的帅橘猫。

在萌萌即将满6岁的那年，我送给他的礼物就是"内视镜"的肠胃检查，因为我想知道，萌萌的肠胃消化不良，到底是不是IBD（慢性炎症性肠病）？还是其他类型的肠胃炎？因为如果是慢性炎症性肠病，有机会透过药物进行更有效的治疗，只是我愿不愿意跟萌萌一起尝试长期服用类固醇而已。

确诊是慢性炎症性肠病后，萌萌开始吃类固醇，从天天吃到减量天天吃，再从2天吃1次到减量2天吃1次，到现在3天吃1次，萌萌的体重虽没有再增加，但是吐的次数降低到1个月两三次，基本上都是因为饿比较久才会吐，有很明确的原因。

我 想 问 医 生

1. 大家都说服用类固醇很不好，是真的很有问题吗？

2. 改成全肉食，对猫咪是比较好的吗？

3. 猫咪为什么这么容易吐？是不是每次吐就要看医生？

肠胃不好，食物是关键

猫咪、狗狗呕吐时，总是令毛爸妈们相当担心，有时担心自己给错了食物，也紧张毛孩身体出了问题，是否需要看医生？也会思考自己是否该改为全鲜食、全肉食，但是多出来的时间与花费怎么办？先别急，听听医生怎么说。

 大家都说服用类固醇很不好，是真的很有问题吗？

 需慎用，但若正确使用效果相当好。

很多人听到类固醇，都会像听到洪水猛兽一样，避之唯恐不及。会有这样的反应也是非常合理，因为长期服用大量类固醇的确会造成非常多的问题，以人而言，最常听到的就是"月亮脸""水牛肩""体重异常增加"等副作用。而在狗、猫来说，服用类固醇则常会有多尿、易渴、食欲旺盛的症状，长期服用则可能出现皮肤变薄、局部钙化、肚子变大、腹部松垂、免疫力下降、肾上腺萎缩的副作用，高剂量类固醇若与其他消炎药同时服用，甚至可能造成肠胃道出血、肾脏衰竭的状况，真的不可不慎！

既然有这么多可怕的副作用，为什么医生还要开类固醇给我家宝贝呢？其实，类固醇这个名词包含了很多种物质，而我们平常会开处方的类固醇，大多指的是肾上腺皮质激素的制剂。事实上这种激素是大多数动物体内，包含人类身体都会产生的物质，它可以帮助你在紧急状况下展现惊人的爆发力，以利于战斗或者逃跑，也因此，这种药物在运动员中是被列为禁药的。类固醇能够到现在仍被广泛使用，就是因为它其实也有很多很好的功效，如抗过敏、消炎、止痒、消肿都非常有效。很多皮肤发炎的动物，只要使用类固醇就能大幅改善，另外气喘、鼻窦炎使用类固醇也都能较好控制。尤其是它便宜、效果快，相对于其他昂贵的药物来说，其实还是很不错的选择。

医生比你更怕副作用，所以更谨慎！

以萌萌的慢性炎症性肠病为例，这是一种大量免疫细胞堆积在肠胃组织的疾病，也可以说是一种慢性、长期的肠胃炎。这种疾病常常造成慢性的腹泻、呕吐、消瘦，但因为症状不太明显，有很多其他疾病都可能造成类似的状况，加上需要以手术采取肠胃的组织才能确诊，所以真正被确认是慢性炎症性肠病的毛孩其实是相对较少的。由于它是免疫细胞堆积的问题，治疗上就需要使用免疫抑制剂来抑制出了错的免疫系统，这时候在众多药物当中脱颖而出，最快见效的，就是类固醇了。

当然毛爸妈们听到要吃类固醇一定会开始担心，刚刚讲到那么多副作用，会不会有问题啊？其实，身为医生的我们，比你更担心副作用，所以一定会尽可能在能够改善症状的前提下，把类固醇控制在最低剂量。就像萌萌那样，从天天吃、慢慢减量到2天吃1次、3天吃1次，或是在条件许可的状况下，慢慢转换成其他抑制免疫系统的药物。这个过程需要毛爸妈们耐心地配合，照着医生的计划慢慢调整，千万不能心急，也不能突然停药，当我们成功地找到最适合毛孩的剂量时，就能够兼顾症状稳定，又能避免副作用的困扰。

只要遵照医生的计划一起努力，其实类固醇没那么可怕。

 改成全肉食，对猫咪是比较好的吗？

 先考虑以下4点再说！

干饲料、湿食、鲜食还是生食，哪一种食物对毛孩最好？这真的是困扰毛爸妈已久的问题。互联网上相关的论述众说纷纭，就连不同的动物医生也可能都有不同的看法，到底应该听从谁的建议呢？

其实不同的食物类型都各有优缺点，倒也不见得哪一种一定特别好或特别差。尤其每个毛孩的体质不同，生活情况也不同，哪一种才是最好的选择，其实没有标准答案。不过可以肯定的是，猫科是食肉目的肉食动物，所以千万不能因为信仰问题而让猫咪吃全素食，不仅碳水化合物过多、肉类蛋白质不足、必需的维生素也不足，会对猫咪身体带来非常大的伤害！然而，虽然猫咪是肉食动物，但是全部以瘦肉为食物也是不行的。因为野生的猫咪除了吃猎物的肌肉之外，也会啃食猎物的内脏和骨骼，如果以纯瘦肉做为食物喂养幼猫，长此以往可能造成钙离子缺乏而影响骨骼发育。

针对前述不同的食物种类，建议可以把以下这些因素考虑进来，选择对家中毛孩最适合的营养方案。

1. 水分

干饲料因为喂食方便、容易保存、不易腐坏，有专人调配营养比例，又容易购买，算是目前犬、猫饲主最大宗的选择。但我相信很多人也知道，很多猫是不太爱自己喝水的，所以常常必须透过喷泉等玩具来引诱猫猫在玩耍的过程中多喝一点水。野生吃肉的猫咪还可以从食物中摄取水分，但干粮在水分的提供方面就显得非常不足，猫咪必须另外再去喝更多的水才能达到身体所需，而这点与他们天生的习惯不符。如果没有特别留心，有些猫咪就这样长期缺乏水分，甚至引起肾脏问题了。所以从水分的角度来看，干饲料是不被推荐的。

2. 保鲜

干饲料最容易保存，而湿食则不然。例如，商品化的主食罐头，因为经过密封杀菌，在开封之前还能保存较长时间，开封之后就容易腐败了。而生食和鲜食的食材保存也跟人的食物一样，只能保存很短时间，一定要随时注意其新鲜程度。尤其生食没有经过烹煮，更要选择大品牌、有合格消毒杀菌程序的生食产品。有些人为了省钱，直接买超市的冷冻生肉，甚至是传统市场的生肉给猫咪吃，真的万万不可！这些食品都不是提供生食食用的，里面含有的细菌、寄生虫等病原都可能没有被完全杀灭，吃了反而会造成猫咪生病！

生食由于没有经过烹调高温杀菌，其实在卫生方面的疑虑一直有很大争议。支持者主要认为，给猫咪吃生食能够让他们回归老祖宗最原始、天然的习性，保留肉品的水分，其中的营养也不会因为烹煮而被破坏。但是这些主张没有提到的是，猫咪在野外生活的老祖宗，他们的寿命可能只有短短几年，因为在这些好处的背后，潜藏在生肉里面的细菌、病毒、寄生虫如果没有经过高温，是不容易被完全清除干净的，吃了之后很容易就会生病。2018年底台湾全面受到非洲猪瘟的威胁，相信大家也听过非洲猪瘟病毒生存力很强，在冷冻猪肉中可以存活3年，即使是腌制过做成火腿、香肠都无法将病毒杀灭，更何况是生肉。虽然狗、猫不会感染非洲猪瘟，但喂食的生肉里面还是有很高的风险存在这类难以扑灭的细菌、病毒或寄生虫。

美国动物医院协会（AAHA）2011年就已经专门发文表达不支持喂食生食的立场。因为实验研究显示，不论是商品化还是家中自制的生肉食品，有30%～50%都受到致病病原的感染，而且在吃了这些污染的食物之后，有30%的狗狗会将病原排泄到粪便中，这些病原就通过粪便的污染跑到环境里面，再感染家中的其他动物，甚至是老人、孩童或免疫力较差的成年人。2015年仅台湾已经有20个生食产品造成食品安全问题的案例，因此需要下架，而市售煮熟的干饲料却只有1个案例。

过去美国就曾有动物医院爆发沙门菌感染，最可怕的是，这些污染生食的病菌有高达75%是有多重抗药性的，一旦被感染就很难治疗，相当危险。即便是在支持生食的网站上，都有明文提醒如果动物的免疫力比较差，家中有老人、孩童、孕妇等，生食都有可能造成他们的感染，想选择生食的毛爸妈们，一定要把这些风险考虑进去。

3. 营养均衡

能不能提供均衡的营养成分，是挑选食物的关键，却也是最容易被忽略的一环。商品化的干饲料和湿食，因为已经经过厂商专人调配、申请合格认证，也有大量的客户购买，所以有问题的产品大多都会被发现并回收改善。相反的，由饲主在家自行调配的鲜食，反而容易有营养不均衡的问题，而且最容易遗漏的往往不是主要的蛋白质、脂肪等成分，而是一些必需的维生素和矿物质。

2002年的一篇营养学研究表明，家中自行烹调的食物，其中的矿物质、脂溶性维生素及钾、铜、锌离子等营养成分，都低于建议的摄取量，长期食用可能造成特定营养成分缺乏的疾病。而且由于自家烹煮的食物成分五花八门，如果食物的营养不均衡，或者食物中有一些过敏原、毒素、病原等，动物医生在看病的过程中会相对较难找到确切的原因。这些都是自制鲜食所需要面对的风险，在选择时务必一定要纳入考量。

除了碳水化合物、脂肪、蛋白质这些我们熟知的营养素之外，其实生食或鲜食最容易被忽略而造成营养不均衡的是一些维生素、矿物质、氨基酸和微量元素。2016年有3位美国认证的兽医营养学专科医生联名发表了文章，提到生食饮食容易造成钙、磷不平衡、高甲状腺症和高胆固醇症。长期的钙、磷不平衡容易造成骨骼出现问题，尤其是在生长中的年幼动物，除了影响发育之外还可能造成骨折。而很多市售标榜营养均衡的生食产品，在专科医生看来其实是很不均衡的，他们宣称的益处都没有明确的科学研究来证实优于其他熟食的食物。虽然生食没有高温烹调不会造成肉品内的酵素被破坏，但是所有动物需要的酵素早就已经存在他们体内，根本不需要从外界再摄入。另外，很多生食都有高脂肪问题，虽然这个确实可以让动物的毛发比较光亮，但是却带来了严重的健康问题，而且吃煮熟的食物，一样能够让毛发有光泽，并不需要特别选择生食。

当然，也并非所有的商品化饲料和湿食都完全不会有问题。2018年就有动物医生陆续发现，一些特殊蛋白质来源的无谷饲料（以袋鼠肉、鸭肉、鲑鱼、羊肉等作为主要蛋白质成分，并以豆类、木薯粉作为淀粉来源）在给狗狗长期食用后，可能会影响心脏功能。统计发现，吃这类"无谷"饲料的扩张性心肌病病犬，其心肌病变比吃一般饲料的狗更严重，而在转换饲料之后多数即有明显改善。不过其中有些病犬只是换成其他品牌的无谷饲料就可以得到改善，所以目前并不能说是无谷饲料造成的问题，而可能是其他一些未知的微量营养素有过量或缺乏的状况，自制鲜食和素食饲料也都有可能会有类似的问题。

由此可知，营养学是一门非常复杂的科学，任何一个营养素如果只是一两天的缺乏，可能还不会有太大问题，但若是经年累月地吃同一种营养不均衡的食物，就很容易造成疾病。所以，一般人要自己学习所有的营养学知识，自制完美比例的鲜食，并提供长期均衡的营养，实在不易。因此国际猫科学会目前还是建议以高品质的商品化食物为主要食物来源，自制的鲜食可以作为零食或额外的补充。而商品化的食物最好同时给予干粮和湿食，让猫咪能够同时享受到不同种类的食物口感，以及他们带来的好处（咀嚼干粮可以帮助口腔健康，湿食则能提供较多的水分）。需要特别注意的是，我们在市面上常见的猫罐头大多是副食罐，目的是作为零食使用，以水分和香气为主，营养成分和热量其实很少。因此选择湿食时必须选择有"完整营养成分"的主食罐头才能提供充足的营养。

4. 时间、心力、金钱

相对于商品化的干饲料和湿食，制作鲜食餐点是非常花费时间和金钱，且需要有恒心和毅力的。当你习惯了每天吃米其林高档餐厅，对于街边小吃可能就会开始看不上眼，同样的，鲜食的美味程度不可否认的确是远大于干饲料和一般罐头的，猫咪一旦习惯了吃鲜食，就很有可能对一般商品化的食物失去兴趣。这也意味着，当你开启了鲜食之路，你必须能够有毅力和时间每天购买新鲜食材来为他们准备三餐，而这样的开销，也显然一定是比饲料贵上很多的。也因为变得嘴挑的问题，当他们必须去旅馆住宿，甚至是生病胃口变差必须住院的时候，能够引起他们兴趣的食物选择又会变得更少了，因此这段期间的伙食还是得靠饲主耐心准备，风雨无阻地送到旅馆或医院，当中的辛苦可能不亚于抚养一个人类的小孩。

如果考量了以上因素，你都还是下定决心要排除万难，为你家毛宝贝制作一辈子的鲜食餐点的话，建议可以搜寻 Balance IT（Davis Veterinary Medical Consulting）这个网站。这是美国加州大学戴维斯分校，目前全世界排名第1的兽医学院，提供的营养学咨询网站。在这里可以付费咨询真正获得国际认证的兽医营养学专科医生，请他们为毛宝贝量身打造一份属于自己的食谱，确保所有的营养成分和微量元素都能均衡提供。

 猫咪为什么这么容易吐？是不是每次吐就要看医生？

 有以下5种状况，就要看医生哦！

其实不管是狗狗或者猫咪，都偶尔可能会有呕吐的问题。猫咪因为习惯自己理毛，所以常常会吃下不少自己的毛发，如果没有定期使用化毛膏，猫咪就有可能会在消化过程中把毛球吐出来。除此之外，猫咪其实没有特别容易呕吐的情况。

那是不是每次吐都要赶快去看医生呢？一般来说，如果是频率不高的呕吐，如1个月只有一两次，这种通常是不用太担心的。但以下几种状况，就需要特别注意，可能要带去给医生检查了：

1. 突然在1天内呕吐多次（超过3~5次）。

2. 呕吐伴随其他症状（胃口变差、不吃饭、呕吐完之后开始呼吸变喘）。

3. 虽不是1天内狂吐，但长期频繁地反复呕吐，像萌萌这种2天就吐1次，而且不停反复的情况。

4. 长期呕吐伴随体重变轻、消瘦、或者明显比其他猫咪长不大、胖不起来。

5. 呕吐物里面有血水，或者其他乱吃的东西（玩具、毛线等）。

如果有以上这些状况，建议尽快带去让动物医生检查，并且拍照纪录他的呕吐物，把吐的次数、频率、时间点都详细记录给医生参考。有些细心的饲主甚至可以将猫咪呕吐的动作录下来，这些对动物医生都是非常重要的信息！

消化系统像口锅，放太多就煮不熟

食物在身体中被分解的过程称为消化，消化后进入血液循环的过程称为吸收，消化与吸收是相辅相成的。中医学中消化系统归为脾胃所负责，包含现代医学中所有消化、吸收、代谢及能量转化的相关组织，如胃、胰、肝、肠等。

中医跟你说

消化系统中又以肠胃为最重要的器官，肠胃好，就能顺利吸收营养，供应全身，自然身体就会健康。所以顾好肠胃是很重要的，而如何顾好肠胃又以饮食的控制最为重要。

肠胃无法负荷时，便容易呕吐、下痢

俗话常说："病从口入"。消化系统比较忌讳生冷饮食、暴饮暴食、狼吞虎咽，有时候吃零食也会，饮食的方式及食物内容会影响脾胃的功能，一旦出了问题，影响了身体的运作，当然反映出来的就是生病的症状，呕吐或拉肚子都只是一种症状，并不是一种病名，症状上有程度的差别，而这通常也代表着疾病严重程度。

中医的理论相对抽象，比较不好理解，我们通常将消化系统比喻成正在煮食物的锅，每个个体有其先天的能力，就像锅都有不同的大小，若明明是个小锅，硬是一口气放了太多食物进去，结果就是无法顺利煮熟食物，造成消化不良，出现呕吐或下痢。这也是临床上消化系统中最常听到饲主带毛孩就诊的症状。

动物中医治疗哲学的概念强调机体的整体性，所以先诊断出毛孩病因是属于阴、阳、寒、热、表、里、虚、实哪种情况，用药上以整体的平衡为主。

慢性炎症性肠病（IBD）的症状，动物中医归类为腹痛、泄泻、肠风（便血），发病的原因可能是环境湿气太重，或长期因饮食习惯或食物过敏所伤。另一部分则可能是先天不足，或消化能力差等原因导致脾胃机能受损、湿邪停滞、壅滞肠间导致经络受损而成。此病涉及陈年湿邪和日积月累的虚损。

从饮食下手，固本培元

萌萌的状况，属于先天不足加上湿气入侵所致，当时已有用西药控制呕吐，也有大幅改善，那时萌萌四肢较为冰冷，可能因为久病伤元气所以本身也怕冷，因此那时用中药的选择则是以固本培元为主，温中散寒，补气健脾为辅。

饮食上，萌萌当时体质属寒，久病气虚，这时候食物上可选择多一些温热的食物，如鹿肉、鸡肝、核桃、燕麦。或者可尝试补气的食物，如牛肉、白米、鸡肉、南瓜、玉米等，但前提是不要选用会过敏的食物，所以请慢慢调整，切勿一股脑的通通补给，这也违背中医的原则，切记过犹不及。

慢性炎症性肠病属于慢性病，治疗上需要循序渐进，切勿操之过急。一般需要先排除体内的湿邪，视情况也需要疏肝行气、清热解郁。待邪去之后，就要转用补气健脾之品，或助阳或滋阴，巩固脾胃之气、提升肠道免疫力，预防复发。

想陪你，天长地久

岁数大不等于毛病多——
年长动物

不管来到家中时是否年轻，毛孩的年岁总会渐长，

面对这些"资深"的毛孩，我们该如何照护？

是否该让他们吃较软的食物？受伤是否也较难复原呢？

基本资料

★主角：**甜甜圈**

★性别：女

★种类：狗

★其他角色：无

★毛主人：春花妈

★症状简述：后肢受损／骨刺

做好万全准备，迎接"资深公民"

甜甜圈被发现的时候，整个屁股烂掉，跛行在山沟里，那天很冷，差一步她就变成在山里的尸体。

送养单位告诉我，她应该是被繁殖场弃养的种犬，因为她的奶头都很长，应该生过很多胎了，指甲因为长期没有修剪也影响了她的行走，身上的跳蚤洗了两三次还是存在，已经烂皮的屁股可能一辈子都不会好了，因为一部分溃烂了，一部分是黑色素已经沉淀了……外在可以观察到的状况是这样，而内在方

面，她的鼾声以及后肢骨头可能都还有问题，还有就是她超过10岁了。

　　送养单位："这样，你还愿意领养吗？"

　　我："愿意啊，因为她也愿意来我家。"

　　带甜甜圈回家后，我发现她的胯骨有问题，并且两脚的膝盖外翻，脚掌跟手掌都有指尖炎，而因为是"巴哥"品种的关系，她的眼睛也因为长期黑色素沉淀，已经损害了视力。

　　甜甜圈与家中的其他猫咪适应得都很好，但是因为对食物比较执着，有时候会变得很激动，导致自己有时会滑倒，无法行走。实际检查后发现她也有长骨刺，有种每次去医院都领回一种新病的感觉，但是实际上是因为品种、年纪以及之前缺乏良好照护的结果……面对资深公民到我家，生活上的转变真的很多，也产生了更多的疑问。

　　老林、老叶，我应该怎么服侍甜甜圈呢？

1. 资深的动物，食物真的需要改得很软吗？

2. 该如何帮家中动物保养口腔呢？

3. 资深且下半身有问题的动物，应该怎样加强肌肉的强度呢？

只要照顾得好，一样吃硬又吃软

一般人常认为，年纪大了，牙齿、骨头、肌肉自然就不管用了，所以到毛孩年纪稍微大一点时，总是容易将食物改软，并且对毛孩们受伤后的行动力下降感到理所当然，但实际上真是如此吗？就如同人可以做口腔保健一样，毛孩也行！人可以进行神经康复，毛孩当然也可以哦！

Q 资深的动物，食物真的需要改得很软吗？

A 依照动物的口腔状况来决定。

春花妈的这个问题，主要应该是担心一般干饲料对于资深动物来说太过坚硬、不容易咀嚼，是不是需要改成较软的食物，减少她们吃东西的负担？针对这点我的答案是："依照动物的口腔状况来决定"。的确，年纪大的动物，就像老年人一样，比较容易会有"发苍苍，视茫茫，齿牙动摇"的问题，不过也不是每个老年动物的牙齿都无法咀嚼一般干饲料，如果从小好好照顾口腔卫生、保养牙齿，也有些老年动物到了十几岁牙齿仍然是很强健的！这些口腔健康的动物，就不一定要把食物改软，只要依照一般正常食物就可以了。

毛孩牙齿的疾病到底怎么来的呢？其实跟人一样，毛孩在进食的时候，一些食物的残渣也很容易堆积在口腔内，形成牙菌斑、牙结石，如果持续没有清洁，就会产生明显的口臭，久而久之，就变成了严重的牙周病。而一旦演变成了牙周病，毛孩就有可能会常常流口水、口腔流血、牙龈肿胀、疼痛，导致她们不愿意咀嚼甚至没有胃口。此时如果没有注意到她们的问题，没有就医治疗的话，这些细菌可能会进一步破坏牙齿周围的正常结构，造成牙龈萎缩、牙齿松动甚至牙根脓疡，最后很有可能只能把烂掉的牙齿拔除。

有些狗狗因为家人疏于照顾口腔卫生，年纪轻轻就一口烂牙，不只影响美观，也影响他们的生活品质。我们人平常光是1颗牙齿蛀牙就已经可能会痛到寝食难安，想要赶快找牙医治疗，何况很多毛孩常常已经是满口的牙周病才被发现，毛爸妈可以想象一下，他们每天忍着牙痛的生活会有多不舒服。甚至有些运气不好的毛孩，还可能因为严重的牙周病造成口腔的细菌跑到血液中，影响全身的器官，导致发烧或其他内脏的疾病，严重的还可能会要了小命，真的是很可怕呀！

 该如何帮家中动物保养口腔呢？

 巧用妙方，避免无麻醉洗牙。

其实有个我们经常听到，但是很重要的观念："预防胜于治疗"。我们人为了保持口腔的卫生、预防蛀牙，都会知道要每天刷牙漱口，其实毛孩也是一样的，如果没有定期帮他们清洁口腔，就容易滋生细菌。毛爸妈可以准备以下这些东西，来保持家中毛孩的口腔卫生。

1. 动物专用牙刷或幼儿牙刷

建议毛爸妈每天至少要帮毛孩刷1次牙，如果行有余力，可以每餐饭后都清洁当然会更理想。如果毛孩不肯接受牙刷伸进他们的口腔，市面上也有销售一些清洁宠物口腔用的指套，只要套在手指上就能帮他们刷牙。还有另一种更简单的方法，只要将一般纱布套在手指上，再用清水沾湿，就可以替代牙刷帮他们清洁牙齿，省钱又方便，可以作为初期训练她们刷牙的工具，等孩慢慢接受清洁口腔的动作之后，再换成刷毛较软的幼儿牙刷来深入清洁。要注意的是，刷牙的重点不只是清洁牙齿的表面，更要仔细清洁牙齿和牙龈之间的缝隙，我们称为牙周囊袋的地方，才能确实达到预防口腔发炎的效果！

有些毛孩尤其是猫主子，可能会很排斥刷牙，搞得每次刷牙都像打仗一样，这时候就要改用循序渐进的方法，让她们慢慢习惯刷牙。面对没有刷过牙的小朋友，毛爸妈可以先在他们在放松的状态下，尝试从他们后方伸手去触碰他们的口腔（如果从正前方去触碰口腔，他们可能会紧张而戒备）。开始的前几天都先点到为止，只碰到口腔就结束，让她们慢慢习惯这个动作。等她们对这个动作没有戒心之后，再慢慢尝试掀开她们的嘴皮，经过几天都习惯掀嘴皮的动作之后，再慢慢加入触碰牙齿的动作。接着开始拿出指套或牙刷来触碰牙齿，循序渐进，最后让她们能够接受整个刷牙的流程。毛爸妈甚至可以在每次刷牙之后给他们一些小零食当作奖励，让他们对刷牙这件事产生正向的联想，以后就能更容易帮她们清洁了。

2. 动物专用牙膏

刷牙最重要的是刷除食物残渣的这个物理动作，其实并不一定要使用牙膏，用清水来刷牙也是没有问题的。使用牙膏的好处是可以提供一些味觉上的刺激，让毛孩觉得好像在吃零食一样，因而更喜欢刷牙。动物牙膏里面可能也会添加一些洁牙或抗菌成分，帮助清除牙垢、抑制口臭。但是必须注意的是，千万不可以使用人的牙膏来帮动物刷牙！动物不像人会把牙膏漱口之后吐出来，反而大部分都是被他们吞下去，所以动物牙膏一定都是设计成可以食用且对动物没有毒性的。如果要使用牙膏，请毛爸妈务必选择品质有保障的动物专用牙膏。

3. 动物专用漱口水

如同前面所说，毛孩不会将漱口水吐出来，所以一样千万不可以让毛孩使用人的漱口水！毛孩的漱口水也都是设计成可以直接饮用的，这些产品主要是加在毛孩平常喝的饮水当中，提供少许的清洁和抑制口臭的效果。当然，这类漱口水的浓度都不高，清洁效果是非常有限的，就像我们洗碗不能只是把碗盘泡在洗洁精里面就结束，想要有效清洁，这些辅助产品还是不能取代刷牙的动作的。

4. 牙齿保健饲料

有些饲料品牌有推出口腔保健的饲料。这类饲料在大小、形状、材质和软硬度上经过特殊设计，让毛孩在进食的过程中需要经过一些咀嚼，咬下饲料后饲料的断面就能与牙齿的表面摩擦，达到一些清洁牙垢的效果。在饲料的成分当中也会添加一些营养素，帮助维持口腔健康。这类饲料属于处方饲料，需要兽医师开方后才能使用，毛爸妈可以带毛孩去给动物医生检查牙齿，以判断需不需要使用这种饲料。

5. 洁牙骨、洁牙零食、洁牙玩具

除了刷牙用的产品之外，市面上还有很多洁牙骨、零食、玩具，可以让毛孩在平常的游戏当中就能维持口腔的健康。这些洁牙骨大部分都能让毛孩慢慢啃咬，在啃咬的过程中摩擦她们牙齿的表面，模拟刷牙的动作达到清洁牙垢的效果。不过要注意的是，这些洁牙玩具一定要小心挑选，由于狗狗常常会把洁牙骨咬断吃掉，所以洁牙骨的成分必须是安全可以食用的。使用的材质必须柔韧，太坚硬的骨头可能会造成牙齿断裂。洁牙骨也有大小的分别，迷你型、小型、中型和大型犬所选择的大小都各不相同，必须选择让狗狗能用臼齿咀嚼、又不会一下就咬断的大小。如果无法让狗狗用臼齿啃咬，说明太大了，无法达到良好的清洁效果。如果咬一下就断，或者毛孩可以整根洁牙骨吞下去的话，则说明太小了，整根吞下去除了难以消化之外，还可能造成狗狗肠胃甚至呼吸道的阻塞，严重时是会致命的，一定要非常小心！另外在使用洁牙玩具的时候，很多人会把它丢给狗狗让她们自己玩，这也是错误的用法。理想情况是最好能用手拿着洁牙骨的一端，另一端让他们啃咬，这样才能确保他们没有误吞的情况发生，也确保他们有足够的咀嚼和清洁效果。

我们家毛孩已经有牙周病不舒服了，该怎么办？

如果家中毛孩的口腔保养晚了一步，已经不幸地产生了牙周病，出现我们

前面提到的那些不适症状的话，就必须赶快带去动物医院请医生检查和治疗了。值得一提的是，很多人有个疑惑，认为毛孩们口腔的治疗就是洗牙而已。

"去动物医院洗牙要全身麻醉，感觉很危险很可怕，而且收费好像不便宜。听说我家附近的动物店提供无麻醉洗牙的服务，便宜又不用麻醉，洗完也很干净，好像很方便呢！"

前阵子坊间一下子出现好多宣称可以不使用任何麻醉药物，只使用天然矿石或牙齿清洁工具，就能帮动物清除牙结石的"无麻醉洗牙"服务，听起来好像非常完美。然而，这个服务真的有广告宣称的那么好吗？其实美国兽医牙科学院（American Veterinary Dental College）和美国动物医院协会（American Animal Hospital Association）都已经明确表示，无麻醉洗牙的效果并不理想，也不推荐使用这种方法来治疗动物的口腔问题。

无麻醉洗牙真的便宜安全又有效吗？互联网广告上没告诉你的无麻醉洗牙的缺点，让我一一告诉你。

1. 无麻醉让毛孩承受严重的恐惧和挣扎

相信看牙医对很多人来说都是一件可怕的事，而且当牙医用器械在我们口腔里面治疗时，不要说是儿童，连成人都会觉得害怕，但我们知道牙医是在为我们好，所以可以用理性来忍受这些恐惧。但是毛孩并没有办法分辨，他们只觉得对有人拿着工具弄她的牙齿感到很可怕，而且牙周病时已经很痛，口腔再被那些工具操作的时候，是更不舒服的，所以死命挣扎当然是非常自然的反应。在没有麻醉的情况下，要顺利的用器械清洁毛孩口腔，唯一的方法就只能粗暴地抓住她们，让她们不能反抗。你可以想像那个场景就好像刑场一样，毛孩被五花大绑，惊吓、恐惧、痛苦地挣扎，整个过程可能要维持半小时到1小时以上，该是多么难受的体验。

2. 根本无法清洁到真正重要的地方

很多人以为无麻醉洗牙是一门新的特殊技术，动物医生没有学过所以无法做到，其实这个想法完全错误。无麻醉洗牙的作法只是使用一些器械，如钳子、刮牙器等，把牙齿表面大块的牙结石夹碎刮除，实际上每位动物医生都能做到这样的动作，但为什么还是要选择麻醉呢？因为牙齿表面的牙结石并不是造成牙周发炎的关键，真正的关键是牙龈内侧与牙齿之间的缝隙里面所堆积的牙结石。所以很多试用过无麻醉洗牙的毛爸妈会发现，牙齿表面的牙结石被刮除之后虽然外观上看起来变干净了，但实际上毛孩的牙周还是在持续发炎，他们还是一样的疼痛和不舒服，这样的洗牙其实完全没有治疗效果。如果想要把发炎的位置彻底清除干净，势必会碰到很红肿、疼痛的地方，想象一下你蛀牙的时候去看牙医的那种痛楚，人都还需要用局部麻醉来减缓疼痛，没有麻醉的毛孩又如何能够忍受呢？

照 护 小 教 室

面对琳琅满目的洁牙产品，我们要怎么知道哪个品牌才是品质有保障的呢？

其实针对这个困扰，美国早在1997年就已经成立了一个"美国兽医口腔健康委员会（VOHC）"，这个委员会有一套严格的标准去审核洁牙产品的各项临床实验数据，只有真正经过科学实证能控制牙菌斑和牙结石的产品才能得到VOHC的认证标章。下面提供了已获得VOHC认证的洁牙产品列表，毛爸妈们可以参考。

 VOHC认证的犬用洁牙产品

 VOHC认证的猫用洁牙产品

3. 无法深入检查

前排和外侧的牙齿比较容易清洁，但臼齿以及牙齿内侧对于清醒的动物来说就很难让人检查，尤其舌头会挡住大部分的视线，即便是具备医疗专业的动物医生都很难在动物清醒时检查到口腔深层，这些地方的疾病就很容易被遗漏。

4. 容易受伤、呛到

这些工具在口腔里面反复操作，毛孩势必会不断地甩头想要躲避，一不小心就会被工具给弄伤，牙齿本身也会受伤。在日本，就曾经有狗狗因为被强行压着做无麻醉洗牙，而在挣扎的过程中发生上颚骨折及牙齿断裂的意外，实在得不偿失。如果在清洁的过程中使用了清水或其他液体冲洗剥落的牙结石，毛孩更有可能因为挣扎而把碎屑吸入，如果呛到气管里面，这些充满细菌的牙结石就有可能感染呼吸道，造成吸入性肺炎。

5. 操作者不具备医疗专业，无法处理并发症

有些严重发炎的牙齿非常容易流血，也比较难以止血。曾经听过不少在无麻醉洗牙过程中大量出血的动物，最后止不了血只能赶快转送动物医院，差点就送了性命。另外有些口腔疾病不单纯只是牙结石的问题，可能还有肿瘤、瘘管等更复杂的疾病，这些都是不具备医疗专业的操作者无法处理的。

6. 严重的牙根问题容易被忽略

做完无麻醉洗牙之后，由于外观看起来已经干净，毛爸妈往往就觉得毛孩牙齿已经没有问题了，因而不会再带毛孩去医院检查，也可能松懈下来疏于后续的清洁。等到下次看医生被发现深层牙根都没清洁的时候，这些牙根可能都已经腐烂积脓了。

其实口腔治疗不只是洗牙这么简单，实际上到动物医院检查口腔，并不是只有去洗牙而已。门诊时，兽医师除了会检查牙齿的状况之外，也会确认有没

有瘘管、肿瘤、息肉等问题。在口腔以外，兽医师也会同时检查身体有没有其他疾病，有些疾病（如肾衰竭）也可能会造成口腔发炎，治疗上会有不同的考量。在全身麻醉的情况下，兽医师也能更详细地检查每个牙齿，包括利用牙科拍片检查每一个牙根及周围的组织，也会用牙周探针探测牙龈和牙齿之间的缝隙是否有异常的"囊袋"造成藏污纳垢，并且会确认每个牙冠的完整性。除了一般人常听到的洗牙和拔牙之外，现在的动物牙科专门医院也已经可以做到根管治疗（抽神经）、补牙、牙套、牙周治疗、矫正等，其实细致程度已经努力地向人类的牙医看齐。这些检查和治疗都是无麻醉洗牙所无法提供的，所以如果家中毛孩的口腔出了问题，还是要乖乖找兽医师做检查和治疗哦！只要好好地保养牙齿，即使是资深的动物，还是可以开心地咬洁牙骨、放心地大口吃肉哦！

 资深且下半身有问题的动物，应该怎样加强肌肉的强度呢？

 神经受损的猫狗，可通过康复改善。

神经受损的猫咪、狗狗们，其实可以通过适当的康复来改善肌肉问题，可以通过道具、水疗、针灸、激光4种方式进行，且甜甜圈是狗狗，更可以通过零食奖励的方式进行康复，执行的难易度上，应比猫咪还要容易得多。

骨头的天敌不是年纪，是气血

　　不只是人，多数的动物，都是由一连串的指令，透过神经、肌肉、韧带等一同合作来进行肢体运作。肌肉带动骨头，骨头跟骨头之间就是所谓的关节，我们关节囊每天都在制造关节囊液来润滑，然而我们每天也都在耗损它，制造会随着某些因素而减少，如年纪、药物等，所以耗损大于制造久了关节就会出现一些问题，关节炎就是常见的慢性疾病，尤其是老年大型犬，多会出现关节软骨退化、结缔组织发炎等。

气血不通则痛，气血过少也痛

　　传统医学中，关节炎方面分风寒湿邪、风湿热邪及机能上的衰退（肾主骨），而疼痛乃外邪（风、寒、湿、热）盘踞造成气滞血瘀进而引起疼痛。《素问·举痛论》中便提到："经脉流行不止，环周不休，寒气入经而稽迟，运而不行。客于脉外则血少，客于脉中则气不通，故卒然而痛。"也说明经脉气血应该流行不止，环周不休。如果遭受外邪侵袭，就会造成气滞血阻、气血攻冲发生疼痛。而痛症又分为虚痛和实痛两大类，实痛因"不通则痛"，以活血化瘀为主，虚痛因"不荣则痛"，不荣则痛的意思是指血气少，血虚筋骨失养而造成疼痛，治疗宜补养气血，此两种是一切痛症产生的基本病因，所以治病前先要辨别属于哪种病因。

若有关节炎，食补、运动不可少

　　疾病刚发生时属于急性期，治疗重点是缓解疼痛，近似西方医学消炎的概念，所以选择清热药来宣热解毒、通经活络，若同时毛孩能配合针灸效果会更好，切忌在疼痛处按压。度过急性期进入缓解期时，毛孩由于没有明显症状，饲主常忽略持续为其调养，以至于慢性血脉瘀阻，进而造成关节肿大或变形，此时宜用中药的行气药，去风湿药及活血化瘀药，如此可以促进气血的流通而加快瘀血的消除。

若病程进入慢性期，因为久病伤阴，气血亏虚，筋骨失养而出现肝肾亏损的症状，因此，缓解期应以强筋、养血、补肾为主。最后适当的运动还是必要的，越是不动，肌肉越是萎缩，加上关节疼痛好比雪上加霜，恶性循环下，很可能会瘫痪，进而失去原有生活品质，缩短寿命。

通过按摩4个穴位，来帮助筋骨不舒服的毛孩吧！

1. 后肢—阳陵泉

    位置：膝关节下方外侧，当腓骨小头前下方凹陷处

    主治：肝胆疾病，后肢疾患，有舒筋利节之功

2. 后肢—悬钟

    位置：后肢腓骨远端外踝上方骨前凹陷处

    主治：后肢疾患，颈项强痛，有疏肝解郁、理气止痛之功

3. 前肢—合谷

    位置：前肢1趾、2趾交节处

    主治：头颈部疼痛、肩部疼痛，皮肤炎，有疏风镇痛之功

4. 前肢—阳池

    位置：腕关节背侧，腕骨与尺骨远端连接的凹陷中

    主治：腕关节炎、前肢疼痛或麻痹

备注：可参考第190页附录中的毛孩穴位图。

毛宝贝，你要多喝水呀！

喵星人的全民疾病——肾病

猫咪不爱喝水，是许多毛主人的共同困扰，

但毛孩突然大量喝水，或是尿量开始异常，

这时候要格外注意，毛宝贝的肾脏可能发出警告了！

基本资料

★主角：**曼玉**

★性别：女

★种类：猫

★其他角色：无

★毛主人：春花妈

★症状简述：肾病／肾结石

饮水与尿量不成正比时，该怎么办?

领养曼玉是个意外，也是惊喜，因为她是一位非常美丽的长毛猫，但她也是肾病第2期并有肾结石的猫咪。

改成鲜食家庭后，因为高蛋白饮食的关系，去医院的时候，肾指数的部分被严格检视，但是她的活力跟健康表现都还好，所以我还是坚持下去，加上多数猫咪的问题都跟肾病有关，因为我选择全肉食，那就是用更多的水让她们的生活更有品质，这也是我陆陆续续去上了很多营养学的课得到的结论——水真的对于动物来说太重要了！

在很多课堂上的分享，得知肾病真的深深困扰着毛主人，但是在收到肾病严重的曼玉之后，我也是惊讶了！

曼玉的尿量跟她的食量根本不成正比，有时候会突然大量地喝水，但是跟她尿出来的尿量比起来，少了很多，加上她对食物比较挑剔，喜欢味道偏重的加工零食，初期要调整她的饮食习惯，对我来说比较痛苦……因为我觉得她已经被迫离开生活10年的家，又要习惯多动物的家庭，加上有心脏跟肾脏的问题，在这个阶段，还要坚持用我的标准去过所谓比较好、比较健康的生活吗？

老林、老叶，对曼玉来说，我是不是个坏家长？

备注：不过目前曼玉已经完全融入家庭了，在给全鲜食的时候，她会选用低蛋白的肉类，现在曼玉的肾指数，就是持平喽！

我 想 问 医 生

1. 老猫的肾病究竟是怎么来的？
2. 应该如何发现猫咪的肾脏病？
3. 我们如何照护有肾病的猫咪？

喝水的速度赶不上流失的速度

如同春花妈所说，肾病对于猫咪来说几乎可以算是全民疾病，在我们诊疗中遇到的老年猫，几乎九成以上都有慢性肾病的问题。在一项犬猫十大死因调查报告中，肾衰竭于2012年和2013年连续成为家猫死因的第1名，2014年虽然由癌症居冠，但肾衰竭仍旧高居第2名，真的是猫咪们最可怕的杀手。

 老猫的肾病究竟是怎么来的？

 老年动物的肾病最常见的是肾脏老化，连带引发其他症状。

肾脏在身体里担任着过滤血液、排泄废物的功能，血液把废物送到肾脏过滤之后，滤出的水分会被肾脏重新吸收回身体，所以尿液会是浓缩的状态，以免流失太多水分。影响肾脏的疾病有很多种，有些是先天性的，有些是家族遗传的，而在老猫中最常见的就是因为老化所造成的慢性肾病（严重一点的也称为慢性肾衰竭）。在老化的过程中，本来健康的肾脏组织会慢慢受损、纤维化，结构开始萎缩，造成肾脏功能下降。

肾脏功能下降最早期的症状就是无法正常地浓缩尿液，导致尿液变得很稀而且很大量。细心的猫奴在这个阶段可能会在清理猫砂时，发现猫咪的尿块变得特别大，或是比家中其他猫咪大，也因为尿量变多，去厕所的次数也会变得比较频繁。有时如果尿量太多来不及跑厕所，甚至可能尿在外面让毛爸妈以为是尿失禁，但仔细看可以发现尿液的颜色不是正常的黄色，反而变得很淡很透明。由于尿量变多、水分大量流失，猫咪会变得很容易口渴，所以猫奴也可能会发现猫咪的喝水量变多，而且可以多到非常夸张！这样的症状医学上称为多饮多尿，虽然其他疾病也有可能造成这种症状，但肾脏病几乎可以说是最常见的原因之一。

当多饮、多尿的症状出现一段时间之后，慢慢猫咪的喝水量就会追不上流失的速度，当全身组织的水分都在不停地流失，自然也就无法维持良好的身体机能，进而造成脱水、体重变轻、消瘦的状况。当肾脏功能越来越差，很多本来应该被排出的废物就无法被顺利排出（尤其是蛋白质代谢产生的含氮废物），累积在身体里面造成肠胃不适、恶心、呕吐、拉肚子等症状，同时造成猫咪的食欲减退、甚至完全不肯吃饭。

到了这个阶段，猫咪常常会很无精打采甚至虚弱，如果靠近他们的口鼻还常常会闻到一股尿味从口腔和鼻子散发出来。这种本来应该由尿液排出的毒素累积在身体里的情况，我们称之为"尿毒症"，到了这个时候肾脏的功能已经完全无法维持身体的运作，就变成名副其实的"肾衰竭"了。

 应该如何发现猫咪的肾脏病？

 8岁以后，定期做4项检查。

要确认猫咪有无肾脏病的问题，最常见的方式就是验血和验尿，同时配合拍片和B超来做诊断。在验尿的部分我们可以通过检查尿比重来判断肾脏浓缩尿液的能力，如果尿比重大幅降低，代表尿液变得很稀，肾脏浓缩尿液的能力可能不足。另外一个重点就是检验血中的肾指数，最常使用的就是血中尿素氮（BUN）和肌酸酐（CREA）这两项指标。由于这两种成分都是肾脏应该排出的废物，如果它们没有被好好的排出而累积在血液里的话，就可以怀疑肾脏功能有了问题。

然而，这两项指标并不是绝对准确，必须要肾脏功能降低到正常的25%以下才会看到这两项指标升高，所以就算这两项指标正常也不代表肾脏功能完全正常，但如果这两项指标升高的时候就代表肾脏功能已经很差，只剩下正常功能的1/4不到了！

血中肾指数升高的现象我们会称之为"氮血症（azotemia）"。根据国际肾脏协会（IRIS）的分级系统，可以将慢性肾病的猫咪依照血中肌酸酐（CREA）的浓度高低分成4个等级。

第1级：肌酸酐数值 < 1.6毫克/分升（mg/dL）

这是肌酸酐还在正常范围的时期。这是最轻微的时期，猫咪虽然血中肾指数还没升高，但可能已经开始出现尿液变稀、尿比重下降的状况，显示肾脏功能已经开始变差。

第2级：肌酸酐数值在1.6～2.8 毫克/分升（mg/dL）

轻微氮血症，如果肾脏持续退化、功能越来越差，整体肾功能低于25%以下时，肾指数就会开始升高，当肌酸酐数值达到这个范围时，我们就称之为第2级肾病，也就是曼玉所在的时期。这一时期的猫咪症状可能很轻微，但可能已经可以看到像曼玉这样明显的多饮多尿，也可能会发现体重开始慢慢地减轻，猫咪越来越瘦。

第3级：肌酸酐数值在2.9～5.0毫克/分升（mg/dL）

中度氮血症，这个时期的猫咪可能就会开始出现明显症状，如呕吐、拉肚子、食欲减退、脱水、明显消瘦等。

第4级：肌酸酐数值> 5.0毫克/分升（mg/dL）

严重氮血症，这个时期的猫咪可能出现严重脱水、虚弱、精神不济、厌食、严重呕吐、下痢、吐血、拉血、贫血甚至休克的状况。

这样洋洋洒洒的写下来，毛爸妈们应该都发现肾病其实是很复杂、会影响身体很多机能的。那么我们到底要怎么在早期发现肾病呢？首先定期的健康检查还是非常重要的。8岁以后，开始进入老年的猫咪，都会建议每年定期做一个全套的血液、尿液、拍片、B超检查，确保没有什么潜在的重大疾病。

前面也提到过，血液肾指数要等到肾脏功能低于25%才会开始出现问题，很多爸妈一定会想：等到功能这么差才发现岂不是太晚了吗？没错，动物医生们也有一样的困扰，还好在最近几年兽医界又研发出了一个新的肾脏功能检验指标，称为对称性二甲基精氨酸（SDMA）。这个指标只要在肾脏功能低于75%（也就是只要25%的肾脏功能丧失）时就会开始上升，所以可以在很早期就发现肾脏功能变差，让毛爸妈能更早做好准备，调整家中毛孩的饮食。

当然毛爸妈也要仔细观察毛孩喝水和尿尿的状况，本来不爱喝水的猫咪要尽量用喷泉或湿食鼓励他们多喝水，以免长期水分不足影响肾脏。但如果发现尿尿很频繁、每次都很大泡尿或者异常的狂喝水，就可能要尽早就医检查。在体重方面，爸妈也可以在家中准备一个宠物用的体重计，每个月定期帮他们量体重，留意有没有异常变重或变轻。如果发现猫咪的外观肋骨变得很明显，或者皮肤弹性很差、眼眶凹陷等，都可能是太瘦或脱水的表现，要赶快去找医生检查。

照 护 小 教 室

猫咪出现以下6种情况，都可能与肾病有关，要赶紧送医检查!

1. 尿尿突然很频繁，每次尿量都很多

2. 异常大量喝水

3. 体重异常变重或变轻

4. 肋骨变得明显

5. 皮肤弹性变差

6. 眼眶凹陷

我们如何照护有肾病的猫咪？

 补充水分，选择低磷食物。

对肾病动物的照护，最重要的就是给予充足的水分补充，除了在饮食当中可以多选用湿食、罐头来补充水分之外，有时毛孩的水分流失太严重，仅是喝水已经追不上流失的速度时，就必须要额外给予输液（打点滴）治疗。打点滴这件事情在大家的印象当中应该都是在医院进行的，最常见的方式就是静脉点滴，将液体直接打到血管里面。不过动物的皮肤下面和肌肉之间有很大的空间，我们也可以将点滴打到皮下空间让动物慢慢吸收，这种方式我们称之为皮下输液（皮下点滴）。静脉点滴通常需要比较复杂的专业技术，也需要机器调控以免造成身体负担，而皮下点滴的方式会稍微简单一些，也比较不会出现问题，所以严重肾病的动物如果很容易脱水，主治医生通常都会教毛爸妈如何在家替动物皮下输液，只要遵照主治医生的指示给予正确的分量，对于稳定猫咪病情会很有帮助！

亲手做鲜食，也是好选择

除了水分之外，食物上也要避免高蛋白和选择低磷的食物，肾脏处方饲料会以很简便的方式来提供肾病动物需要的营养配制。当然，饲料有其优点也有其缺点，例如，干饲料无法提供水分的补充，所以越来越多细心的毛爸妈会寻找其他更好的食物来源，低磷的罐头或妙鲜包是另一种不错的湿食选择，可以在吃正餐时让动物吸收更多的水分。更用功的毛爸妈，甚至还会研究适合肾病动物的鲜食食谱，每天亲手制作适合毛孩的餐点，也是非常棒的选择。总之不管选择哪一种做法，都要与主治医生充分讨论，依照每位毛爸妈的时间能力不同，让主治医生针对毛孩的病情量身打造适合他的营养方案。如果想要针对肾病毛孩制作鲜食，国外也有营养科动物医生可以咨询，可以搜寻 Balance IT（Davis Veterinary Medical Consulting）这个网站，就会有国际认证的营养学专科医生为你制作家中毛孩专属的食谱哦！

　　由于肾病会导致无法将代谢废物好好排除，所以肾病动物常常会有高血磷的问题，动物医生可能会给你降血磷的药物。另外累积在身体里面的毒素可能会造成肠胃的不适，所以还可能会给一些抑制胃酸的药物或黏膜保护剂。另外慢性肾病常常容易并发贫血和高血压，这是由于肾脏功能不足会影响造血功能，并影响调控血压的内分泌系统造成混乱，所以动物医生也可能会给予红细胞生成素的针剂治疗贫血，并且定期追踪血压，如果真的出现了高血压的问题，就要长期服用降血压的药物来控制，以免造成心脏和视网膜的伤害。动物医生也会定期检查毛孩的尿液，因为肾脏过滤功能如果出了问题也可能会造成蛋白质渗漏而形成蛋白尿，除了会造成肾脏更加发炎之外，还会影响凝血功能，并且让毛孩越来越消瘦，所以蛋白尿的控制也会是很重要的一环。

　　除了前面说的这些以外，毛爸妈想必也很关心有没有什么营养品可以帮助维持肾脏的健康。欧米咖-3鱼油就是一个很好的营养补充品，对肾脏、皮肤、心脏都很有帮助，可以固定给毛孩做补充。如果已经确诊有肾病的猫咪，市面上还有很多不同的营养品可以帮助稳定肾病的病情，建议爸妈在购买前最好先跟主治医生讨论，选择适当的营养品，以免花了大钱又没有效果，甚至选到不适合毛孩病情的营养品就不好了。

肾脏问题，同时要考虑心脏

肾脏，负责过滤血液中的杂质、维持身体中水分的平衡，最后产生尿液排出体外，在生理上，肾脏主要功能有生成尿液、排泄代谢产物、维持体液平衡及体内酸碱平衡、控制血压以及内分泌功能，牵涉影响范围很广，所以临床上有肾脏病的毛孩常常也并发其他问题，会对治疗增加许多困难。

每种食物都有不同属性

在传统医学的脏腑学说中，强调肾主闭藏，是指肾宜藏（储藏之意）而不宜泄；讲肾阴肾阳为人身诸阴诸阳之本，又肾五行属水负责功能有点类似体液及酸碱平衡代谢，五色中属黑色，所以黑色的食物常被用于补肾或顾肾，但食物还要分辨其属于寒、热、温、凉、平的哪一种，并不是所有黑色食物都适用于肾衰，肾阳虚食物的选择建议以热、温、平为主，肾阴虚则建议以寒、凉、平为主，不过通常肾衰多发生于老年的时候，若是机体的衰退，元气不足，则过寒、过热的食物就不适合食用。

其实在治疗肾脏病的方法上，不只是要考虑肾脏，还要考虑心脏，西方医学有所谓心肾症候群，传统医学的思路也是如此，心属火，肾属水，一般正常情况应该为心肾相交也即身体内水火平衡，若强弱失衡则会造成水枯火旺、水旺乘火、火旺侮水、火弱水旺、水火俱虚等情形，医生会依照临床状况来判断，选择适合的治疗方式。

人工添加物零食千万别给

平时照顾上，食物的选择也很重要，你可以自己做鲜食，也可以选择处方饲料，但千万不要人工添加太多的零食。

毛孩们不会说话，假如我们一个不注意，等到意识到要就诊时，状况常常会比想象中严重，所以还是建议，迈入老年的毛孩跟我们人一样，应该要定期体检，及早发现及早治疗，预防疾病会比治疗疾病来得容易。

照 护 小 教 室

除了吃药以外，自己可以在家里通过简单按摩帮助毛孩。

1. 肾俞

   位置：二腰椎横突末端，是肾气转输之所

   主治：肾炎，有益肾固精、清热利湿之功

2. 复溜

   位置：跟骨粗隆内侧上方

   主治：肾炎、水肿、膀胱炎，有培补肾气之功

3. 三阴交

   位置：后肢内踝上，骨后缘肌沟中

   主治：泌尿、肠胃、肝病、肾病、后肢疾患，有益气健脾、调补肝肾之功

4. 阴陵泉

   位置：膝关节内侧，胫骨后缘和腓肠肌之间

   主治：腹泻、膀胱炎、膝痛，有健脾利湿、调补肝肾之功

　　按摩的次数建议1天约3次，1次5~10分钟，记住力道由轻至重，再由重至轻，切记胡乱施力或过度用力，按摩除了希望能达到效果之外，同时也希望能让毛孩感到放松而不抗拒。

备注：可参考第190页的毛孩穴位图

一定要动刀吗？

人与动物皆闻癌色变——恶性肿瘤

不只人类，毛孩们也相当恐惧癌症，

当身上出现了不该有的肿瘤，总是令人惊慌不已，

许多毛爸妈因为担心留下伤口，而拒绝开刀切除肿瘤，

但这样真的是对的吗？

<table>
<tr><td rowspan="6">基本资料</td><td>★主角：Mini</td></tr>
<tr><td>★性别：女</td></tr>
<tr><td>★种类：狗</td></tr>
<tr><td>★其他角色：喵喵，Mini的猫家人</td></tr>
<tr><td>★毛主人：Mini姐姐</td></tr>
<tr><td>★症状简述：恶性肿瘤</td></tr>
</table>

太晚发现的肿瘤，来不及挽救

　　Mini是一只马尔济斯狗，是我干妈在我读大学时期去宠物店买来的。Mini的一辈子并不好过，因为干妈住在湿气很重的地方。因为Mini我才知道多数的马尔济斯狗因为无法适应湿热的天气，所以好发皮肤问题，如霉菌、湿疹等，大概是养了半年多之后就开始发作。那时候我只能尽量帮忙，大约2周帮她洗1次药浴，但是那时候年轻，很多时候我还是比较专注自己的生活，加上又不是天天住在干妈家，所以后来还是送美容院去洗。

　　后来我毕业后先回乡，再去干妈家拜访的时候发现Mini的背上已经有一个

拳头大的伤口，一直留着体液跟血……跟干妈商量后，我带着Mini回到老家，虽然当护士很累，但是那时候每3天可以药浴一次，皮肤状况也维持好一段日子，花了1年多的时间伤口终于痊愈，后来我因为进修又离开老家，不过爸妈多带了一位猫咪喵喵跟Mini作伴。

但是人生考验很多，再回老家做教育工作，妈妈的身心有些情况，做了一些对动物不好的事情：在我上班的时候突然带Mini去结扎，那时候她已经很老了，其实身体的恢复度不太好，并且不时把Mini关起来，或不准她去楼上跟我睡，或是白天没人在时狂攥Mini，把很多情绪发泄在狗身上，当然，后来是我妈去做了治疗。

一来一往间，治疗越拖越晚

大概再过1年，爸爸意外发现Mini的右前脚有一个小肿瘤。短短2～3个礼拜大小就长了1倍，老家的动物医生给予类固醇治疗，说如果药效没有导致肿瘤缩小，建议转诊至条件好的医院，最可能的结果是"截肢"。我们后来带Mini去肿瘤科治疗，医生建议化疗加截肢治疗，因为已经扩及淋巴，不确定未来的复发率有多少。

事情是发生在4月多，但治疗是在5月底左右，因为截肢手术需要花较多时间照顾，6月份先进行化疗、吃药，并预约7月截肢。6月底时肿瘤缩小一些。7月我要去研究所读书，Mini就暂时请爸爸照顾。原本开刀前两三天已经先送去住院观察，爸爸因为舍不得又接回家，月中哥哥结婚，Mini就暂时先去动物诊所住院2天，直到8月才送至医院开刀。

刚开刀回来后每天吃类固醇治疗，化疗药物只持续2周后医生说可以暂停。Mini三脚跳也蛮有精神。怎知9月时，换鼻头旁长出新的肿瘤，带去医院检查后确诊已转移，已经没办法了！只能吃药控制。此时她的精神也越来越差。几乎都在睡觉或吃药。8月底开学时，有同事给我介绍心脏保健中药，听说他家老狗原本有重度心脏病，吃来当保健却多活了5～6年，死马当作活马医，线上咨询动物医生后买来每天给Mini吃，神奇的是，Mini吃了大概快1个月后，精神体力好了很多，原本的类固醇也停药了，肿瘤也没有再变大。就这样持续天天吃中药了。

到11月初，因为Mini连续两三天食欲不佳，几乎没怎么吃饲料，大小便也有点失禁，但家人回家她仍会到门口精神抖擞地迎接，爸爸怕她会没体力，送去动物医院打营养针，住院第1天听医生说精神有恢复，也稍微会吃饭了，第2天早上8点多时，Mini起来吃早餐，9点多医生去巡房时她却已经断气了，身体干净，没有呕吐失禁。

最后医生表示鼻子的肿瘤在理论上是末期，照道理来说会非常疼痛不舒服，而Mini在没有吃止痛药和类固醇的状态下精神体力都算非常好的，外观看起来也不像晚期狗狗，如果不是他一路诊断到死亡，他不相信这是一只癌症晚期的狗狗。当然，我们全家都很舍不得，我哭了快半年，喵喵在门口等狗姐姐回家等了好几个月了。

我 想 问 医 生

1. 肿瘤就是癌症吗？
2. 是不是所有肿瘤都只能切除？
3. 化疗真的对于治疗肿瘤是有帮助的吗？
4. 如何有效地发现肿瘤呢？

越早治疗越有机会完全康复

受惠于医疗的进步，动物的平均寿命也越来越延长。几十年前的家犬、家猫能够活到8岁已经算很老了，但现在的犬猫活到18岁甚至20岁的都有，在老狗、老猫越来越多的情况下，老年疾病也跟着越来越多。"肿瘤"几乎是每个老年动物都有可能发生的疾病。

 肿瘤就是癌症吗？

 恶性肿瘤才是。

随着年老退化，毛孩身上的细胞可能会异常增生，在身体表面或体内长出一些肉瘤、团块。这些团块可能是良性的，也就是说生长的速度比较慢，一般不会破坏、侵犯其他正常组织、也不会随着血液跑到别的器官里面生长，这种良性的团块通常不造成太大的危险（除非长在很麻烦的地方，如脑部、心脏等），相对来说没有需要立即处理的急迫性。

但也有很大一部分团块是恶性的，也就是俗称的"癌症"。这种恶性肿瘤会很快速的长大，1~2个月内就可能变大好几倍，而且会像丧尸一样侵犯周边的正常组织，破坏器官功能，还会跟着血液、淋巴转移到其他地方生长，把身上的养分抢光，把正常的组织破坏殆尽。得了癌症的毛孩就跟人的病患一样，可能会非常消瘦、虚弱、没有食欲，还会因为癌症影响的器官不同而出现各种各样的症状，最终造成死亡。根据2014年一项犬、猫十大死亡原因的调查，癌症对狗、猫来讲都是排名第一的死亡原因，所以家中如果有年纪大的毛孩，真的要多多留意。

是不是所有肿瘤都只能切除？

 不是唯一方法，但可永绝后患。

在医学上，肿瘤这个名词可以细分成良性和恶性，在本篇为了解说方便，以下就把"肿瘤"都当作恶性肿瘤（癌症）来讨论。Mini的家人有问到："是不是所有肿瘤都只能切除？"，其实切除并不是唯一的方法，但绝对是一了百了、永绝后患的最好方法！

想象你不小心搭上了尸速列车被丧尸追赶，你只要被它咬到，尸毒就会很快地爬满全身把你杀死，你能保命的最好方法当然就是隔绝它们不要让它们碰到你。肿瘤的癌细胞也是一样，要避免癌细胞扩散到全身，最好的方法当然是让它离开你的身体，一点也不要留下。很多人期待用吃药、吃补品调理的方式来控制癌细胞，大多都是不切实际的，因为只要癌细胞还在身上，它就会持续攻城略地，直到夺走你的生命。就连苹果电脑的创始人乔布斯也是因为胰脏癌拒绝开刀，尝试了各种天然疗法，最后发现无效，到临终前才因没有听从医生的建议后悔莫及。

宁可错杀一百，也不放过一个

作为动物医生，手术切除肿瘤最重要的一件事情就是要把所有癌细胞都切掉，片甲不留。因为癌细胞非常可怕，只要你残留少少几个癌细胞在身上，它都会以迅雷不及掩耳之势再长大复发，侵犯整个身体，所以如果手术没切除干净，就等于是白挨了一刀。所以宁可错杀一百，不可放过一个，这也是为什么很多肿瘤的切除伤口都比家人想象的大很多，甚至像Mini一样需要截肢这么可怕，因为如果癌细胞只局限在脚上，牺牲这条腿可能可以让他多活好几年，但如果一时心软缩小了切除范围，可能就会让癌细胞残留在身上，过没多久又再长出新的肿瘤，夺走毛孩的生命。

所以如果心疼毛孩伤口太大，或是不想害怕截肢，早期发现、早期治疗对于肿瘤来说就非常重要。有很多毛爸妈可能都会在毛孩身上发现异常的小肉块，但觉得团块还小就不以为意而不看医生，拖拖拉拉不想面对，或是认为"这么小真的有必要做手术吗？"但其实当肿瘤只有米粒大小的时候，可能只要1~2厘米的伤口就能把它切除干净，等拖到肿瘤变成5厘米大的时候，伤口可能就得扩大到十几厘米都不见得能切干净，甚至是要截肢。如果再继续拖延，等到癌细胞转移蔓延到全身的时候，就连手术的机会都没有了，因为当大部分器官都有癌细胞存在的时候，我们已经不可能将所有器官切除，就只能选择用化疗控制了。

 化疗真的对于治疗肿瘤是有帮助的吗？

 不同类型的肿瘤有不同的答案。

化疗这个词大家都听过，所谓化疗就是"化学疗法"的简称，也就是用一些注射或口服的抗癌药物去抑制癌细胞的生长和扩散。除了转移扩散的情况之外，有些肿瘤长在难以切除的位置也可能会建议化疗，或是有些肿瘤在做完切除手术之后，也可能再搭配化疗避免复发。Mini家人问到："化疗真的对于治疗肿瘤是有帮助的吗？"其实这个问题会依照病患是哪一种类型的肿瘤（癌症）而有不同的答案。

化疗可抑制癌细胞生长

有些类型的肿瘤对于化疗药物的反应是非常好的，甚至可以完全杀光癌细胞，这类型的癌症就会强烈建议选用化疗治疗。很多人都听过化疗有很多副作用，在人身上很常见的就是掉头发，这是因为化疗药物的作用通常是抑制生长旺盛的细胞，我们的身体里除了癌细胞生长很旺盛之外，头发、造血器官等的组织也是生长很快速的，再加上其他如呕吐、腹泻等副作用，往往都会让毛爸妈对于化疗却步。但其实只要找经验丰富的肿瘤专科医生咨询，也有很多毛孩的肿瘤是可以在化疗的同时维持良好的生活品质的。

然而，我们必须要理解的是，大部分的癌症，尤其是已经转移的，化疗大多都只能控制、延缓复发以及延长患者存活时间，多数癌症要完全治愈是不可能的，这也呼应了前面所说的及早发现及早治疗切除，才是唯一能根治的机会。另外也有一些类型的肿瘤使用化疗治疗的效果不明显，甚至完全没有有效的化疗药物可以选用，这种病例能控制的机会就更渺茫了。除了手术和化疗之外，也有所谓的"放射线治疗"（放疗），透过放射线的能量来杀死癌细胞，对于手术无法切除的位置，或是辅助避免复发都有不错的效果。然而，因为放射线对操作人员也有害，仪器又十分昂贵，目前能做这类治疗的医院非常少，且不是每一种肿瘤都适合，建议毛爸妈还是要咨询专业的肿瘤医生才能制定完善的治疗计划。

 如何有效地发现肿瘤呢？

 平常多摸摸他吧！

其实毛爸妈在平常没事的时候就可以仔细摸摸家中毛孩身上有没有奇怪的突起、硬块，留意肚子有没有不正常的变大，捏捏肚子看腹腔里面会不会有奇怪的团块。

当然，还有很多肿瘤是外观看不出来，触摸也摸不到，甚至不会形成团块的，这种肿瘤要早期发现就必须仰赖定期的体检。建议8岁之后的老年动物都要每年验血、拍片及做腹部彩超检查，确保在我们看不到、摸不到的胸腔、腹腔里面没有长出奇怪的东西。如果发现了奇怪的小团块，一定要赶快向医生咨询，尽快进行更详细的检查及采样（请参考第161页《什么是采样检查？重要性是什么？》），越早确认肿块的良恶性以及来源，就能越早开始治疗，痊愈的机会就更高。千万不要因为肿瘤还小就拖延，等到转移扩散就真的后悔莫及了！

清除肿瘤后再来调养身体

中医跟你说

近年来癌症在毛孩的十大死因之中一直都位居前5名，癌症是西医术语，传统医学中称之为"岩"，依据中医病机理论：气滞则血瘀，血瘀则腐，腐则败坏；终致虚火相生，火煮盐蒸，气凝成石，石堆成山，山溃成病，是为癌。

意思是说个体的"内毒旺盛，正气衰竭"是其根本的原因。不论人或毛孩，随着时代进步，罹患癌症几率也越来越高，或许是医疗技术的进步更易发现它，也或许是环境中致癌因子变多，总之我们不得不戒备谨慎。

常见的3类治癌物

首先介绍一下致癌因子：引起基因突变的物质被称为致癌物质，可分为化学性致癌物、物理性致癌物与生物性致癌物3类。

1. 化学性致癌物

种类多、分布很广。石棉、亚硝酸、黄曲霉素等都是化学致癌物；还有各种机器工作时燃烧煤、石油、机油、汽油及食物油脂经过烧烤、油炸的热解过程中等都会产生的有害物质。

2. 物理性致癌物

物理性致癌物包括热、紫外线、长期机械性刺激、热辐射及暴露于放射性物质下等。

3. 生物性致癌物

生物性致癌物包含病毒、细菌、寄生虫。另有多种霉菌可能诱发癌症。

之前说到：得癌是因为内毒旺盛，而正气衰。正因为如此，我们每天可能接触许多的外在致癌因子，比如毒素一直在体内累积及破坏，而我们身体虽然能代谢排除毒素但有一定的限度，所以若是身体正气旺盛（机体强壮）时可顺利排除，若是机体衰退或是累积毒素的量太多，那累积在身体超过负荷就容易形成癌。

一般处理策略建议：

（1）清除：清除体内毒素

（2）修复：修复受损的免疫系统

（3）调整：调整环境，避免继续接受致癌因子

西医治疗，中医调理

在清除的过程中，我个人比较倾向中西医合并，先做西医治疗，再辅以中医调理，简单来说就是去邪扶正，目前癌症在西医常见的治疗方式为手术切除、放疗、化疗3种。

把肿瘤的部位做切除或使用放化疗来杀死癌细胞，减少癌症对身体的伤害，通常在除癌的速度上比较快，但去除之后常见问题是复发或转移，这就是我们要做的第2步，修复身体的免疫系统，强化身体机能，这时就需要传统医学的介入，要依照个体的状况去调整药物，中医强调的是阴阳平衡，绝对不是是补药就可以吃，有些药物反而适得其反，也切忌被一些夸大疗效或来路不明的东西所骗。

最后调整环境，希望调整的是内在、外在环境，外在环境就是要减少接触致癌因子，而内在环境，一般癌症研究认为癌症喜欢在酸性体质内，所以中医方面多会强调养身要清淡饮食，其实动物也是如此，但麻烦的是毛孩不一定会配合，要调整身体内在环境的食物或药物，常常并不那么好吃，这时候就需要考验饲主的耐心及爱心了。

突然有一天，狗狗不能走了——瘫痪

每天开门后，狗狗总是兴奋地扑向自己，

仿佛不断向自己说着："你回来啦！你回来啦！"

这是多数毛爸妈的每日乐事，但当有一天狗狗再也无法扑向你，

就让我们一起走向他吧！

基本资料	
★主角：**李大壮**	
★性别：男	
★种类：狗	
★其他角色：无	
★毛主人：大壮妈妈	
★症状简述：髋关节退化／心脏肥大／骨刺／瘫痪	

令我措手不及的，还有后续的照护

那是一个温暖带着微凉的春末初夏，记忆是那么清楚烙印在2017年5月1日那天……

我一进门便满怀喜悦呼唤着他："大壮！妈妈回来了！你有想妈妈吗？快过来呀！来妈妈这里，快来！"

几次唤他，怎么不过来呢？我满心狐疑这孩子怎么了？赶紧过去仔仔细细全身看了一遍，确认大壮没外伤，身体也没什么明显的异样，我再次离他几步

远，试着叫他过来，眼前的他试着回应我的声音，非常非常努力地想起身，但……他起不来了。

我突然定格在那一瞬间，复杂的心绪就像前一日，在日本青森县赏完那最美的樱花，我停留在那绽放的美丽，而大壮的生命却开始渐渐凋落……

毛孩生病了当然要积极医疗，我期待治疗小孩的情况可以再现，本地医生确认大壮是并发多种症状而出现的瘫痪。拍片检查显示心脏严重肥大、胸椎至尾椎长了为数不少的骨刺、髋关节退化严重、软骨已磨损殆尽。医生初步推断造成后肢无法行走的原因，可能是髋关节问题及神经传导出现阻碍，以致无法进行自主性运动动作，但若要进一步了解需至大医院进行电脑断层扫描才能确认病因。

为了毛孩，我们北上求医，辛苦的不是看医生，而是后续的种种问题，照护比看病难很多，从他不能走那一刻起，才是我最大的课题。大壮是40千克的狼犬，2018年他迈入13岁高龄，后肢无法行走，而我是46千克的妈妈，我遇到很多困难。

吃喝拉撒是基本需求，照顾他吃喝当然是小菜一碟，但上厕所怎么办？大壮状况还不到全瘫，他还有控制大小便的能力，所以他非得到外面才要上厕所，1天当然不会只有1次。我也想尽可能维持他平时的生活习惯，所以第一件事就是要想如何带他行走，但是需要什么东西才能帮他走路？该用什么方式走路？

我在实体店面完全找不到辅具，好不容易在网店找到，却发现大狗的款式少得可怜，最后只能将就不符合的尺寸，勉强让大壮用……这还不过是一开始的问题，后面还有很多问题。医生，以你的角度，我应该怎么办才好？

我 想 问 医 生

1. 哪些狗狗最容易瘫痪？
2. 狗狗的瘫痪有办法被治愈吗？
3. 瘫痪的狗狗该如何照顾？

劳心劳力的瘫痪动物照护问题

瘫痪一般指的是动物局部或全面失去运动能力，常见的情况是无法行走，或无法控制自己的肢体。瘫痪可以分为单一肢体的瘫痪或多个肢体的瘫痪，多肢体瘫痪又可以分成前半身或后半身瘫痪、左半身或右半身瘫痪，甚至是全身瘫痪。当然也有头部、脸部的局部瘫痪，在此就不赘述。

Q 哪些狗狗最容易瘫痪？

A 腊肠狗的发生率最高。

一般狗狗最常见的是后半身瘫痪，最常造成这类瘫痪的就是椎间盘突出，压迫脊髓神经造成症状。常见发生椎间盘疾病的犬种包括腊肠狗、北京犬、西施犬、拉萨犬、美国可卡犬、波士顿犬、贵宾犬、巴吉度及小型雪纳瑞等。当然，其他品种也可能会发生，但是腊肠狗的发生率高达其他犬种的10～12倍，其中有85%发生于3～8岁的年纪，所以家中饲养腊肠狗的毛爸妈一定要多多留意。

若症状轻微，可能只会造成背痛（背部拱起），后脚无力、走路不协调等，严重者可能造成瘫痪，甚至失去排尿能力和深层痛觉。疾病的发生可能很缓慢，但有不少病犬就像大壮一样，本来完全正常，突然间就下半身完全瘫痪，所以常常会让毛爸妈措手不及，难以接受这个残酷的事实。

狗狗的瘫痪有办法被治愈吗？

 把握黄金时间送医，可以增加成功几率。

在医学上，我们会将椎间盘突出依照严重程度区分成5个等级来评估，其不同的恢复成功率如下（不同病犬差异很大，成功率数字仅供参考）。

第1级

疼痛，但是走路的步态完全正常，或几乎正常。这一级的狗狗即使不做手术治疗，也有70%～100%的机会恢复。如果做手术，完全恢复的成功率大约是95%。

第2级

能够自己行走，但是走起路来容易摇晃或步调不协调。这一级的狗狗不做手术的恢复几率是55%～100%，做手术的恢复几率大约也是95%。

第3级

这一级的狗狗已经无法自己行走，在没有辅助的状况下也无法自行站立。这一级可以再细分为3a及3b两种等级。3a级的狗狗如果有外界辅助支撑身体，受影响的脚是可以负担一些重量的，3b级的狗狗则完全无法负担重量。第3级的狗狗不做手术的恢复几率是55%～80%。如果采取手术治疗，恢复的几率有80%～90%，但是完全恢复所需的时间会因不同病犬而异。

第4级

第4级的狗狗不只不能站立，受影响的脚完全无法做任何有意识的动作。这一级的狗狗也可以再细分为4a和4b两个等级，4a级的狗狗脚趾还能感觉到浅层皮肤的痛觉，4b级的狗狗则无法感觉到浅层痛觉。第4级的狗狗不做手术的恢复几率是40%～80%。如果采取手术治疗，恢复的几率也是80%～90%。

第5级

这一级的狗狗，受影响的脚除了完全无法做有意识的动作之外，连最深层的痛觉也感觉不到了，可以说受损的脚好像已经完全不属于他似的。第5级是最严重的一级，如果不做手术大概最多只有30%的机会能自己恢复，大部分都无法再回到正常。如果做手术的话，成功率也只有50%～60%，手术后到完全恢复所需要的时间更长。

依照前面的分级我们可以知道，这类瘫痪的疾病不见得是不可治愈的，但是等级越高越严重，完全恢复的机会就会越低。如果在发生瘫痪的当下把握黄金时间立刻送医，经过神经科医生审慎评估后，治疗成功的几率会比较大一些，但如果拖太久才就医，或者手术的医生不是这方面的专家，那成功率可能就没有前面描述的这么高了。另外，的确也有些病犬情况太严重，即使手术也无法恢复得很好，那就只能靠毛爸妈耐心照料，通过针灸、康复训练等来帮助他慢慢恢复功能。

 瘫痪的狗狗该如何照顾？

 八大注意事项，不可疏忽。

瘫痪动物的照护真的非常辛苦，尤其像李大壮这样的大狗，照顾起来会更加劳心劳力，我完全能体会大壮妈妈这一年来的心力交瘁。照顾瘫痪动物要注意的事情约有8大项，介绍如下。

1. 避免褥疮

动物如果长期用同一个姿势躺着，由于体重的压迫，很容易造成被压住的那一面皮肤血液循环不佳，使得细胞处于缺氧状态，如果缺氧的状态持续太久时，细胞就会死亡而导致肌肉、皮下组织和皮肤溃烂。这些表面的伤口很容易引起细菌感染，严重者甚至可能感染到全身。为了避免褥疮，必须让动物睡在软垫上，而且1天至少要帮他翻身4次，越多次越好，以减少长时间的压迫。大狗体重较重，帮他翻身当然也会比较辛苦，没有瘫痪的部分可能还会挣扎抵抗，有时光是这个翻身的动作就需要2个人一起才能完成。

2. 避免湿疹、尿灼伤

有些瘫痪动物会有失禁的问题，若没有注意很容易就造成湿疹或尿灼伤。所谓尿灼伤就是动物排尿后而没有清理，使得动物躺在尿液当中，长久的潮湿使得皮肤变得脆弱，再加上尿液中的酸碱值和化学物质刺激，造成皮肤受伤溃烂。要预防这个问题，除了需要穿尿布保持干净之外，尿布和床单也必须经常更换。同样地，大狗因为体重很重，更换床单尿布都会比较辛苦费力。

3. 挤尿

由于神经受损的位置不同，有些瘫痪动物面临的可能不是失禁问题，相反地，是会因为局部神经的反射，造成膀胱括约肌收紧，而无法在有尿时正常排尿。这种情况如果不处理，膀胱会一直持续胀大到压力过高，才能够突破括约肌排出少量尿液，但长久下来膀胱可能会因为过度胀大而松弛，没有排干净的尿液蓄积在膀胱里面也容易滋生细菌造成感染发炎。

为了避免这种情况，照顾者必须帮瘫痪动物按压膀胱，将尿液挤出，这样的动作1天至少需要做三四次，同样也是越多次越好。如果操作者是右撇子，挤尿时一般会让动物左侧朝下侧躺，用右手手掌包覆动物大腿前方的肚子（如果是公狗，就大约是连着阴茎的区域），用指腹轻捏肚子，一边前后寻找，找到像水球一样触感的东西，就是胀大的膀胱。挤尿的方式分两种，如果手掌够大，可以单手将水球握住，慢慢加压，将尿液往动物的屁股方向挤出。如果单手力气不够大，可以用一手把水球托住，另一手由上方按压水球，同样往屁股方向挤出尿液。由于神经反射造成括约肌收紧的关系，在挤的时候常常会觉得阻力很大，这是正常的，只要慢慢加压、多次练习，就能掌握挤尿的技巧。成功挤出尿液之后要持续加压，尽可能将毛孩残留的尿液挤干净。

4. 排便问题

由于控制肠胃蠕动与排便的主要是自律神经，瘫痪的动物自律神经大多是没有受损的，所以通常比较少有便秘的问题，只是动物无法做蹲大便的动作而已。通常在挤尿的时候因为腹部用力，如果大便够多，有时也会跟着出来，或是在平常通过蠕动自行排出，所以排便的部分一般不需要担心，毛爸妈也不需要特别去挤便便，只要尽量多注意清洁、更换尿布，避免大便一直粘附在皮肤上就可以了。

5. 按摩肌肉及伸展关节

瘫痪的手脚由于长时间没有使用，呈现固定姿势，关节容易僵硬、肌肉也无可避免地会萎缩。毛爸妈可以不定时地帮瘫痪的手脚做弯曲伸展的动作，让关节活动。依照动物的情况，也能配合康复及针灸帮助刺激神经恢复。详细的信息可以咨询康复及针灸科的动物医生，量身订做适合的疗程。

6. 喂食及喂水

多数瘫痪动物还能自行进食，但是可能不太方便移动到放食物和水的位置，毛爸妈记得要将食物和水摆在比较靠近动物的位置。由于行动不便，动物很容易把水打翻，所以水碗和食物都最好能选择比较稳的容器。

7. 移动

很多后半身瘫痪的小型犬还能够靠着前手爬行移动，但因为后半身失去知觉，很容易因为拖行而磨破受伤。如果动物在家中爬行，最好能限制一个区域，铺上柔软的地垫防止其跌倒撞伤，也可以帮动物在可能摩擦到的位置穿上衣服裤子，避免受伤。如果想让病犬出门散步，有些体型小的狗狗，可以利用辅助提带帮他撑起后半身，让他用前脚移动。大狗同样因为体重的关系，可能无法靠前脚爬行，辅助提带也很难将其撑起，所以移动时需要靠担架推车。目前互联网上有一些手工制作的轮椅，可以支撑后半身让动物靠前脚移动，若前脚无法支撑的，也有全身轮椅可以订做，让瘫痪动物也可以有机会开心地散步。有需要的毛爸妈可以上网搜寻品质有保障的轮椅产品。

必须注意的是，有了轮椅也并不能完全解决移动的问题，因为动物的重量压在轮椅上，时间久了一样会造成褥疮等问题，体重越重压迫也越大。所以这类轮椅主要还是作为让病犬定时放风散步的用途，一段时间后就必须下轮椅休息。另外病犬刚开始也常常无法完全控制轮椅的速度及方向，一不小心就可能撞到周围的东西，所以最好带病犬到空旷的地方，或确保家里有足够的活动空间，再让病犬上轮椅使用。

8. 按时服药、定期回诊

瘫痪动物即便在手术后也需要口服药物的帮助以及定期回诊追踪病情，所以除了前述的照顾之外，按时回诊也是非常重要的。通常神经科医生都会依照病犬的状况在稳定之后慢慢拉长回诊的时间，有些轻微的问题也可以在家里附近的诊所做治疗追踪。当然大狗还是一样不容易移动，必须要靠担架和推车才能回诊，动物医生们都会依照状况，尽量减少回诊的次数。互联网上已经出现宠物出租车的平台，毛爸妈可以试着搜寻参考，寻找愿意协助运送的司机。如果不是需要复杂医疗仪器处理的问题，毛爸妈也可以向动物医院询问是否有出诊的服务，当然依照每个医院人手的情况，能够提供这样服务的医院可能不多，费用也可能会稍高，还要请毛爸妈们见谅。

讲了这么多照顾上要做的工作，坦白说，这些事情光是重复做一两个星期都会觉得十分漫长，何况假如病情没有起色，这样的照护可能要持续好几个月甚至好几年。小型犬可能还稍微好一点，大狗的重量就可能会让照顾者受伤，而且除了劳力的负担之外，每天照顾无法休息喘口气的心理压力，真的可能会让照顾者崩溃。所以大壮妈妈到现在已经坚持了1年，我真的由衷感到佩服及伟大。

遗憾的是，由于各种现实因素，目前能够照顾这类病犬的养护中心非常稀缺，一般的宠物旅馆也没有足够的医疗知识能够照顾。如果毛爸妈需要旅行或休息，可以询问就诊的医院能不能提供短期住院的服务，或是请几位亲友一起分担照护的工作，以轮班的方式尽量减少对自己生活的影响。

如果照顾上有任何困难，互联网上也有不少网友分享的经验可以提供参考，但是别忘了即时向主治医生及神经科医生寻求专业咨询及协助。我希望在不久的将来，能够有更多这方面的照护资源，帮助有需要的毛爸妈及毛孩，让他们能克服困难、早日康复。

7种辅助工具，帮助你照顾瘫痪动物！

1. 软垫➜避免褥疮

2. 尿布和床单➜避免湿疹和尿灼伤

3. 固定式的水和食物碗➜避免动物打翻

4. 衣服、裤子➜保护易摩擦部位

5. 辅助提带➜可撑起无法行走的后半身

6. 轮椅➜可辅助大型犬行走

7. 宠物出租车➜协助送医时的运送

中医
跟你说

除了花钱更要花力气

现在毛孩已经升级成家庭里的一分子，当他们生病的时候，饲主们愿意花费金钱及时间来救治，但是当疾病必须面临昂贵医药费的时候，这时候会令人不知如何是好，有时候寻求或辅以中医治疗，也是一种不错的治疗方式。

目前国内对于动物的治疗多以西医治疗为主，但就跟人一样，每个医疗方式都有其优点，动物医生的中医派历史可追溯至3000年前，中医的观念重视整体性评估，对于体质的调整，治疗效果有时虽然较慢，但却可改善许多的疑难杂症。

对于瘫痪的问题，在西医角度上认为的病因可能有脊髓疾病、椎间盘疾病、软组织拉伤或者是关节炎引起等。至于动物中医认为，脊椎疼痛大多属于气滞血瘀病症。关节炎方面有分风寒湿邪或风湿热邪及机能上的衰退（肾主骨），中医理论上说明骨骼的生长、发育、修复，均赖于肾精的滋养，这也是为什么大家常说年老后行动不便要补肾。

气滞是指机体某一部分的气机阻碍停滞、运行不畅所表现的证候。机体气机以通顺为贵，一有瘀滞，轻则胀满，重则疼痛。血瘀是宠物某一部位或者某一脏腑的血液运行受阻。

可尝试针灸，改善行动不便

临床上，有时会听到饲主叙述早上出去前都还好好的，下午回家后就不能走了，或者是狗狗年纪大了，所以慢慢走不太动，最近2～3周几乎都要人抱才行等，行动不便甚至到瘫痪。那我们可以做些什么？动物中医在瘫痪的治疗上大多会施以针灸及配合中草药的治疗。

而针灸的施行，需要根据临床症状、拍片或者其他影像学的资料，选择搭配的穴位，并非一成不变的组合。或者会辅以电针加强刺激及止痛，也会在局部穴位施以水针（将药物注入相关穴道中或软组织中选择最明显的压痛点），目的在于疏通气滞血瘀的部分及加强传导的刺激，进而改善瘫痪或行动不便的症状。透过针灸治疗，在选择合适的穴位上，刺激气血循环，进而提升自体恢复力。目的在于保持或改善宠物的生活品质。

照顾不来时，可考虑动物养护机构

有一些毛孩瘫痪需要人长期照顾看护，我们要上班工作，无法亲自照顾或者自身体力无法负荷，那该怎么办？其实若只有后半身瘫痪，只要给予辅具（例如轮椅，国外甚至能做义肢）就能改善部分生活品质。

但若是全瘫又是大型犬，饲主根本无法照护应付该怎么办？在日本有所谓养护机构专门照顾年老或行动不便的毛孩，国内也逐渐兴起类似机构。其实不论西医或中医，我们取其优点互相配合，就是希望能让治疗达到最佳效果，不是吗？

我想跟你一起散步

无法快乐跑跳——神经受损

对于毛爸妈而言，最快乐的莫过于看着自家毛孩们，

开心地向自己撒娇，在公园或家里自在地徜徉。

然而当毛孩出现神经受损问题，

奔跑对他们来说，变成了梦想……

基本资料	★主角：**阿咪阿**（胖咪）
	★性别：女
	★种类：猫
	★其他角色：无
	★毛主人：春花妈
	★症状简述：瘫痪／神经受损

身瘫心不瘫，我要帮忙到底！

在阿咪阿变成现在这个叽歪的个性前，她好像就……这么叽歪了，不过这是有理由的。我认识她的时候，她是巴掌大的小猫，捡到她的人因为无法让她进食而送来我这边，当时她整个身体的骨型非常明显，看得出来营养不良有一阵子了。我尝试喂了一下，发现她不习惯使用针筒的喂法，所以我稍微调整一下就吃了15毫升，觉得还是很有机会可以救援，所以就先收下来。

但是后来继续喂她的时候，发现这位"瘫猫"根本就是"翻滚吧！阿猫！"

她会用后空翻来表达愤怒，下半身一直拖地，并且即便在辅助的状况下，后肢也无法站立，我一边看着他，一边开始研读瘫猫的相关信息，我决定先带她去看医生，因为我虽然长期在接收中途幼猫，但是没接收过瘫猫啊！

胖咪在脊椎末端有一个明显的伤口，捡到的时候已经开始微微结痂，虽然有送检，但是无法确定伤口的具体成因，经过医生的判断，胖咪的神经反射有问题，并且后腿的肌力也偏弱，后来转送神经科确诊为神经受损，是无法恢复的，而且右边比左边严重，但是考虑她尚未满3个月，可能可以继续通过康复训练去刺激她，看是否有自己走路的机会。

后来很幸运，通过刺激，她从拖着下半身的状况，到可以用后脚走，虽然还是会拖着右脚，并且习惯用跳步取代走路，但是可以免去截肢，对我来说真的是非常幸运了！

老林、老叶，那该怎么跟胖咪相处啊？

我 想 问 医 生

1. 为什么小时候是瘫猫，长大就不瘫了？

2. 神经受损如果不能恢复，会有怎样的影响呢？

3. 受伤的猫，如何康复呢？

神经受损是一场长期抗战

西医
来教你

造成动物瘫痪的问题会有很多种，但是以阿咪阿的案例来说，其原因是神经受损，也是最常见的瘫痪原因，而受损的程度，则关系着毛孩本身之后是否能够顺利复原，如果受损严重，也有可能终身必须戴上保护套，并需要仔细照料，对于毛爸妈和毛孩来说，都是一场不可小觑的长期战争。

Q 为什么小时候是瘫猫，长大就不瘫了？

A 受损轻微者，有机会自行恢复。

一般我们所说的瘫痪都是神经系统的问题，神经系统分为中枢神经和周边神经，脑部、脊髓神经及脑部发出的神经会被归类为中枢神经，而剩下往身体各部位分支出去的则被称为周边神经。胖咪在脊椎末端有个伤口，症状也符合，所以很有可能是脊髓的位置受损（当然确切受损位置还是需要专科医生详细检查后才能确定）。

脊髓主要担任的角色是将脑部发出的运动指令往下传到四肢及全身，也将全身感受到的感觉往上传回脑部。我们可以把脊髓想象成高速公路，分支出去的周边神经想像成交流道。从中央发出的指令必须经过高速公路才能快速传递到地方，如果这条高速公路的中间崩塌了，脑部的指令就到不了地方，地方接收到的信息也就无法回到中央了。如此一来，就会造成四肢无法运动或者失去知觉。

当然，有的时候这条高速公路也不是完全崩塌这么严重，可能只有一两个车道因为车祸而无法通行，其他车道还保持畅通，那么可能就只是部分功能受损，例如，受影响的脚无法运动，但仍能感觉到疼痛，或者还能活动，只是无法站立和行走。更轻微一点的，也许这条高速公路只是有1个车道暂时施工，或只是车多拥挤、比较堵车而已，那也许毛孩只是感觉到背部疼痛，并不影响走路，或者走路只是有一点摇晃和不协调而已。有关瘫痪的严重程度，在狗狗的椎间盘疾病中已经建立了详细的分级，猫咪也可以作为参考。

为什么胖咪小时候是瘫猫，长大就不瘫了呢？一般而言能够自己恢复的，通常是受损比较轻微的状况。如果一开始症状就不严重，神经受损的分级不高，那即便不做手术也有比较大的机会自己修复神经、恢复正常。第2种情况是当初的受损只是暂时性的局部发炎或局部小创伤，如果病变没有蔓延出去，没有其他并发症的话，也有可能自己恢复。第3种情况，也是我认为胖咪最主要能够恢复的原因，就是因为她够年轻。本来神经科医生认为胖咪受损的状况，在成年动物中是不太可能自己恢复的，但因为胖咪瘫痪的时候年纪还未满3个月，身体的成长和修复能力都很旺盛，再配合良好的康复刺激神经，所以在最后有比较好的结果。

 神经受损如果不能恢复，会有怎样的影响呢？

 瘫痪部位需穿上衣服，并且注意透气

如果是后脚完全瘫痪的猫咪，照顾的方式和瘫痪的狗狗很类似，可以参考第96页《突然有一天，狗狗不能走了——瘫痪》。不过猫咪跟狗狗不同的是，猫咪的体态比较轻盈，所以照顾起来没那么费力。而且很多猫咪即便拖着瘫痪的肢体，也还是能靠其他部位灵活地运动，生活品质并不算差。就像胖咪可以后空翻一样，很多瘫痪猫咪甚至还能飞檐走壁，实在太让人佩服了！

不过，如果瘫痪的肢体完全没有知觉也无法运动，在猫咪走路的时候被拖着跑的话，可能要小心拖行的部位会摩擦受伤，没有好好保护的话除了可能会破皮流血外，还可能会感染、发炎、腐烂。毛爸妈可以通过帮他们在瘫痪的部位穿衣服、袜子、鞋子等方法来避免受伤，当然如果穿了衣物还要避免潮湿、尿湿或闷热（猫咪可能会把瘫痪的部位泡在水盆里而不自知，要随时观察留意），每天都要定时脱掉衣物让那边的皮肤透透气，并随时换上干爽洁净的衣物。

要特别注意的是，很多瘫痪猫咪跟瘫痪狗狗一样，是没有办法自己顺利排尿的，也因此尿液会在膀胱里面蓄积很久，久而久之便容易滋生细菌，造成感染以及发炎。所以就算猫咪还能靠其他肢体活动，毛爸妈最好也要学习如何触摸检查膀胱，如果发现膀胱常常过度胀大，猫咪无法顺利自行排尿的话，就要定时帮他们挤尿、排空膀胱。

 受伤的猫，如何做康复训练呢？

 道具、水疗、针灸、激光等皆可。

动物康复训练的方法有很多种，除了在家可以帮他们按摩、活动关节之外，也有跨栏、瑜珈球、交通锥等器材可以辅助使用，让他们练习行走。另外还有针灸、水疗、激光、体外冲击波等仪器可以帮助刺激神经、训练肌肉，达到活化细胞、增加组织循环的功效。

跨栏和交通锥这些道具，主要是设计一些障碍让毛孩跨越，让他们尽量练习使用比较没有力气的脚。瑜珈球的作用则是增加后肢肌肉负重，同样也能增加他们的肌力。不过这些方式比较适合于行走能力没有严重异常的动物，例如，因为关节炎疼痛不想运动而肌肉萎缩的狗、猫，或者神经受损比较轻微的病宠。水疗则是让他们穿着救生衣在水中游泳，或者在水中走跑步机，通过水的浮力降低负重，让他们能比较轻松地使用受影响的肢体，或者自然而然的手脚并用来游泳，以增加肌肉的力量。如果是完全丧失运动能力的瘫痪动物，可能就会通过针灸、激光等方式来刺激神经的反应、促进新陈代谢、增加循环来促进修复。

狗狗可用零食奖励，猫咪则需要小心引导

通常狗狗做康复训练会用零食奖励，或是饲主呼唤的方式来鼓励狗狗运动。猫咪则通常比较胆小怕生，呼唤他们可能没有反应，在害怕时也可能不愿意吃零食。所以猫咪如果去医院做康复训练，要尽量安排安静的环境，以温柔引导的方式鼓励他们运动。如果是贪玩的小猫咪也可以安排多元的环境，利用各种玩具来诱导他们运动。当然也有贪吃的猫咪可以靠零食引诱，但如果毛孩实在太紧张无法配合的话，可能也无法勉强，或者需要更多时间循序渐进让他们放下戒心。针灸和激光治疗的话，只要治疗的环境是对猫咪是友善的环境，利用费洛蒙喷剂放松他们的心情，对大多数的猫咪来说都是可以接受的。水疗就会相对比较困难一些，有些猫咪非常怕水，必须是喜欢这项活动的猫咪才比较能顺利进行。

另外还要提醒的是，针灸、康复训练这些治疗都是需要长时间持续累积的，通常至少都要持续半年以上才能看见成效。所以毛爸妈千万不能心急，必须很有耐心和毅力，全力配合医生指示，持续不间断地按时回诊治疗，才能得到好的结果。还有一点很重要，动物康复训练虽然看似简单，其实是很复杂的科学。病宠要用哪些方式康复训练、康复训练的强度、次数、频率以及每次康复训练的调整，都需要专门的动物医生针对不同的病宠、综合整体的病情来做评估。毛爸妈千万不要在没有专科医生评估的前提下，就自己带毛孩去做水疗，甚至上网查资料看影片就自己帮毛孩进行康复训练。一旦操作不当，做了不合适的治疗，猫、狗很容易就会受伤，结果适得其反，反而让病情恶化。

受损的时间长短决定如何治疗

神经系统是近代医学中的名词，虽然传统中医并没有专门神经系统这一概念，但有关神经系统的论述散布在以下4个领域都有提到：

1. 脑随　　　　2. 脏腑
3. 精气神　　　4. 经络

通常临床上会有不同神经受损的情况，有的是头脑里面的，例如：小脑受损，中风导致大脑损伤而行动不便；也有脊椎受伤，椎间盘压迫导致神经受损而行动不便；甚至瘫痪。那么动物中医如何帮助有问题的毛孩呢？

我们选择使用针灸和中药，经络系统是对于辨证、用药及针灸治疗的重要依据。经络理论包含经脉和络脉：经脉包含十二经脉和奇经八脉，也即系统的主要道路，大体都循行于人体的深部；络脉包含十五别络，是指经脉系统当中的细小分支。其系统比想像中复杂，而使用方法也非一成不变，即使同一病症由不同医生治疗也可能有不同针法，通过取穴达到治疗效果。当受到病邪侵袭的时候，每条经脉会各自出现其生病特征，而所谓"经络所过，主治所在"也即我们在治疗某一脏腑的疾病时，会选择该经脉的选配穴，但这只是最基本的原则。

一样的问题，会有不一样的解答

之前门诊有一只叫"嘟嘟"的12岁腊肠犬，有一天饲主回家后发现他突然会拱背、哀叫及后腿拖行，先到附近动物医院就诊后，发现嘟嘟的双后脚深层还有痛觉，仍会稍微撑起。打针吃药后，虽然不太会哀叫，但碰触腰部仍会有不舒服的反应，后脚也仍无法顺利撑起身子。后来想尝试中医治疗，经过约12

次针灸及1个半月的中药治疗，已可以比较顺利地走路，且无拱背的状况。嘟嘟的状况在椎间盘疾病（IVDD）分级中算是2~3级（中等严重。共分1~5级，1最轻，5最重），如果按时配合医嘱施以针灸加中药或是物理治疗以及严格限制活动大多会有进步，但若是状况严重至4、5级，则会建议中西综合治疗，开刀后结合中医治疗或康复训练，4~5级预后状况就不一定了，甚至有当小天使的可能。

最近有另一只13岁左右的柴犬，饲主说约3年前开始，柴犬的2只后脚就开始有点抖，她以为是正常老化，因为其他作息都正常，吃喝拉撒睡都还好。直到2周前开始抖得很厉害，甚至会软脚、交叉，才感到很严重，也是先在附近动物医院检查椎间盘的问题，给予止痛药，服药1周后无明显效果，后来才寻求中医治疗。

虽然同样是椎间盘的问题，但因为有症状时间已经3年了，影响时间较长，这种情况恢复得会比较慢，饲主需要有长期抗战的准备，所以虽然好像都是椎间盘问题，但影响及恢复情形并不相同。

神经系统是相当复杂的问题，然而有时同样只是瘫痪，但有着程度及不同原因的差别，并非都是一套治疗方式，详细检查有其必要性，而且后续治疗也多需饲主配合医嘱及在家中帮忙做康复训练，有饲主的配合通常成效会非常显著。

小型犬的常见疾病——膝关节异位与支气管炎

本来喜欢跳上跳下的你，现在为何只愿在平地走路？

本来常常快乐追赶的你，怎么能渐渐停下就动？

有时你会突然发出鹅叫声：

"医生，我该怎么办呢？"

<table>
<tr><td rowspan="7">基本资料</td><td>★主角： 哈比</td></tr>
<tr><td>★性别：男</td></tr>
<tr><td>★种类：狗</td></tr>
<tr><td>★其他角色：无</td></tr>
<tr><td>★毛主人：哈比妈妈</td></tr>
<tr><td>★症状简述：膝关节异位／支气管塌陷</td></tr>
</table>

不动手术真的没关系吗？

　　哈比大约11岁，是一只长毛吉娃娃，大概在他8、9岁时，开始出现了后腿退化的情况，带去医院后医生说，他的后腿膝盖容易移位，这种品种的狗狗很容易发生，算是先天缺陷的问题。

　　慢慢地，他开始不愿意爬楼梯，诱因不够多时，他也不会选择跳上椅子，有时他从椅子上下来前，会来回踱步很久，出去外面玩时，也不像以前那么愿意玩，通常到后面就开始不愿意走，要抱着才行。在医生的提醒之下，现在都会尽量不让他用后脚站立，上下楼梯也都抱着他，饮食上则帮他补充营养并且额外补充钙片。

另外一个小型犬容易产生的"支气管塌陷"，医生说也是天生的问题，就是犬种的关系。通常发作的时候会突然一阵干咳，发出像是鹅的叫声；有时候会舌头外伸，有喘不过气来、缺氧的现象；有时稍微休息就可慢慢恢复，有时却变得更严重，舌头还会发紫。哈比发作的频率算很低的，多数情况是在玩得太剧烈，或是气温变化太大时发生。

这个部分由于不严重，所以医生也没特别开药，就是在发作的时候赶快让他休息，减少剧烈活动。我问过医生，医生说气管塌陷的处理方式：如果是像哈比这种轻微的支气管塌陷，其实是没关系的，如果出现次数太过频繁，再带去给医生看。轻微者可用注射类固醇药和支气管扩张剂，严重者需要评估是否需要动手术，不过这种手术的完全复原率并不高哦！所以我们目前也没有考虑给他动手术，也不太清楚这样好不好。

我 想 问 医 生

1. 哪些狗狗容易发生膝关节异位？
2. 该如何分辨毛孩是否膝关节异常？
3. 膝关节异位，不动手术真的可以吗？
4. 有办法预防膝关节异位吗？
5. 哪些狗狗最容易发生支气管塌陷？
6. 支气管塌陷，不动手术也没问题吗？
7. 该如何预防或改善支气管塌陷呢？

关键在于避免过于激烈的运动

狗狗正常的膝关节是一块圆圆的膝盖骨，放在大腿骨的一个凹槽里面，上下有肌腱拉着，不管狗狗的脚是弯曲还是伸直，都不会离开这个凹槽。哈比后脚会容易不舒服，源头就是因为他有膝关节异位（Patellar luxation，或称"膝关节脱臼"）的问题。膝关节异位就是膝关节不正常地脱离它原本的位置，跑到凹槽外面来，尤其是在脚弯曲的时候最为明显。

 哪些狗狗容易发生膝关节异位?

 小型品种犬最常见。

膝关节异位可以说是狗狗最常见的骨科问题之一，尤以小型犬最常见，常见的品种包括吉娃娃、约克夏、博美、玩具贵宾犬、波士顿梗等，身为吉娃娃的哈比就是属于容易发生这个疾病的品种之一。然而，中大型犬也有可能会有这个问题，包括沙皮狗、秋田犬等也是常见膝关节异位的中大型品种。

膝盖骨异位通常是先天性的发育问题，有这个问题的狗狗，大多先天性大腿骨的凹槽就发育得比较浅，深度不够无法好好固定膝盖骨，造成膝盖骨容易脱出。膝盖骨脱出的方向有可能是往脚的外侧或内侧脱出，一般来说，小型犬比较容易向内脱出，中大型犬则比较容易向外脱出。有些狗狗是单侧脚有这个问题，但大约有一半的病例都是双侧膝盖同时发生异位。

该如何分辨毛孩是否膝关节异常？

 仔细观察，他是否会突然缩起1只脚。

膝关节异位如果很轻微，可能没有明显症状，只有在动物医生触诊的时候才被发现。大部分出现症状的狗狗，都是在跑步、跳跃、急停、急转弯等动作之后，突然缩起1只脚只用3只脚着地，或者走路一跛一跛。这个动作可能很短暂，如果毛爸妈没有留意，可能过几分钟就恢复正常了，但随着情况越来越严重，会发现跛脚的症状越来越频繁，甚至只能用3只脚走路。

由于膝盖骨一直不断地在凹槽的位置滑进滑出，会持续磨损局部的组织，长久下来也会造成发炎、疼痛，这也是为什么哈比会越来越不愿意上楼梯，也不敢跳上跳下，不想出去散步的原因，因为每走一步对他来说脚都非常不舒服。

除了疼痛、跛脚之外，由于膝盖骨一直在不正常的位置拉扯，长期严重的膝关节异位还可能会造成小腿的扭转使整只脚变形。有些严重膝关节异位的幼犬，就会出现类似"青蛙腿"的现象，后脚好像青蛙一样只能弯弯地走路，无法正常直立，而且随着发育还会越来越严重。所以一定要尽早带去给动物医生检查。

当你带去医院检查的时候，动物医生除了触诊之外，也有可能会拍X光来确定脚有没有变形。一般来说膝关节异位在触诊上可以分成以下4级，第1级最轻微，第4级最严重。

正常：即使用外力推膝盖骨也无法将它推出凹槽。

第1级：膝盖骨平时没有脱臼的情况，但用外力可以将膝盖骨推出凹槽，放开后就立刻回到原位。

第2级：膝盖骨偶尔会脱出，但大部分时间都没有脱臼。若施加压力可以将膝盖骨推出凹槽，但放开之后膝盖骨不会自动回到原位，需要人为把它推回去。

第3级：膝盖骨在平时大部分时间都呈现脱臼状态，不在凹槽内，但用外力可以把它推回凹槽。

第4级：膝盖骨持续都在脱臼状态，即使用外力也无法让它回到正常位置。

膝关节异位，不动手术真的可以吗？

 除非狗狗非常不舒服，否则一般不用

　　动物医生在检查之后会跟毛爸妈讨论目前的严重程度及需不需要做手术。一般来说，没有症状的狗狗大多不一定要立刻接受手术，如果已经有明显症状造成狗狗不舒服，通常就会建议手术治疗了。

　　这里必须注意的是，需不需要手术治疗跟他的分级严重程度不见得会完全一致，动物医生必须评估每只狗狗不同的状况来给予最适当的建议，所以如果有任何疑问，毛爸妈一定要带家里宝贝去医院检查才是最好的。当然手术也会有一些风险，依照病况的不同，手术之后也不一定就能立刻恢复。尤其是长期跛脚的狗狗，有问题的那只脚可能已经因为长期不敢使用而造成肌肉萎缩，即便膝关节矫正了，肌肉也不见得有力气行走。所以手术后还要依照医生的指示，带他做康复训练、按摩等，让他慢慢练习用回那只脚，才能完全恢复。

 有办法预防膝关节异位吗？

 先天问题，无法预防，但可保养。

　　不管有没有做治疗，毛爸妈当然都很关心如何保养关节和预防这个疾病。由于这个疾病是先天性异常所致，要完全预防这个问题是不可能的，但可以做到的是预防恶化以及避免症状的发生。毛爸妈可以试着通过以下4种方式做保养。

1. 避免剧烈运动、急停、跳跃

　　年轻健康的狗狗散步、跑步都是没有问题的，但是太剧烈的运动就像运动员一样，难免会受伤。适度的运动和玩耍对狗狗来说是非常有帮助的，但尽量避免太过激烈的追逐、太高处的跳跃和突然的急转弯，这些都是容易造成狗狗关节受伤的。

2. 避免只用后脚站立

有些可爱的狗狗被训练出"拜拜""拜托"的动作技能，或是有些狗狗一开心撒娇就只用两只后脚站立，这样的动作对他们的膝关节负担是很大的，也会比较容易受伤，所以最好尽量避免。

3. 补充关节营养品

市面上有很多关节营养品，其最常见的成分就是葡萄糖胺、软骨素、欧米伽-3鱼油等，可以帮助关节润滑，减少发炎的机会。虽然也有研究认为葡萄糖胺不能真正改善关节，只是具有微止痛效果，但在很多动物医生的经验上，有改善的病例毕竟不少，加上这些营养品通常没有太大的副作用，所以我认为还是可以补充的。尤其是欧米伽-3鱼油，除了关节之外，对心脏、皮肤也都有益处，我个人非常推荐。

4. 关节处方饲料

有些品牌的饲料加入了保养关节的配料，老年或是关节不舒服的狗狗都可以列入考虑范畴。不过切记一定要在动物医院购买，因为这类处方饲料必须经过动物医生专业评估，综合考量狗狗的身体状况后再选用，尤其是本身已经有其他疾病的狗狗，更是需要咨询动物医生，确认毛孩适合这种处方饲料后再购买。

 哪些狗狗最容易发生支气管塌陷？

 好发在小型犬，约克夏为最大宗。

接着再说到哈比的另一个气管问题。正常气管是一个有弹性的管子，由数个C字形的半圆环状软骨串连起来支撑管子的直径，C字形的缺口朝向背部，缺口部分则覆盖一层黏膜构成管子剩下的部分。这个C形软骨其实我们只要抚摸狗狗的脖子就可以摸到，而气管塌陷（tracheal collapse）指的就是这个C形软骨因为退化的关系（也有少数是先天性），所含的醣蛋白、软骨素等物质变少，支撑力慢慢下降而无法维持住C形，造成整个管子扁塌。气管塌陷可以是局部的或是整个气管全部塌陷，有时也可能会连带影响到支气管跟着扁塌。

气管塌陷常发生于中老年的小型犬，其中以约克夏为最大宗，有报告指出仅约克夏就占了所有气管塌陷病例的1/3到2/3（当然不同国家常见的品种不同，统计结果也会不同）。其他常见的品种也包括吉娃娃、博美、玩具贵宾、马尔济斯、巴哥等品种。为何小型犬较容易多发其实目前还没有明确已知的原因，但根据统计的结果，大型犬和猫咪是很少发生气管塌陷的。

气管塌陷常见的症状就跟哈比一样，会出现频繁的干咳，这种咳嗽通常在兴奋、运动后、空气中有刺激物质或是脖子受到外力挤压的时候会特别容易发生。如果咳得严重，就会发出类似鹅的叫声。有些更严重的塌陷病例，因为扁塌的位置实在太狭窄，影响正常呼吸，就有可能出现突然喘不过气、舌头发紫等情况。如果他们实在喘个不停，就要赶快去医院急诊，有可能会需要输氧或其他治疗。

通常医生会通过触诊、听诊以及X光来诊断气管塌陷，但要注意的是，气管塌陷会随着呼吸动态变化，在呼气或吸气的时候可能会有时扁塌，有时又变回正常大小，所以如果拍摄X光的那1秒钟刚好气管变回正常大小，可能就会看不到这个疾病的存在。如果想要仔细确认有没有塌陷以及评估严重程度的话，就会需要气管内视镜和透视摄影辅助检查，但这些检查需要比较精密的仪器以及全身麻醉了。

 支气管塌陷，不动手术也没问题吗？

 多数病例可用口服药物稳定控制病情。

一般来说，如果出现的症状只是咳嗽，是可以用口服药物控制的，医生可能会给你一些止咳药和支气管扩张剂作为治疗之用。然而，咳嗽这个动作本身也会造成气管黏膜发炎、水肿，分泌更多的痰，再恶性循环刺激更多的咳嗽企图把分泌物排出，所以也可能会视情况加入短期服用的类固醇或其他消炎药，来打破这个恶性循环。

当然很多毛爸妈还是会问，到底需不需要做手术呢？由于气管塌陷是软骨结构的问题，内科治疗的确只能缓解症状，并不会真的让扁塌的气管恢复正常，严格来说可以算是治标不治本。但是有研究指出71%～93%的狗狗单靠口服药物都能控制得很好，其中50%也能在稳定后慢慢停药，所以目前大多还是建议以内科药物治疗为主。

在考虑做手术之前必须注意的是，手术并不见得能让气管塌陷的症状痊愈，所以很多动物做完手术之后还是得持续吃药，再加上这个疾病大部分都是中老年狗，麻醉风险也会比较高。所以目前来说，只有严重气管塌陷造成呼吸困难的狗狗，或是内科药物治疗完全无法控制的狗狗，才会考虑手术这个选项。手术的方式包括气管外和气管内的支架，帮助把塌陷的气管撑开，这些都需要特殊的仪器设备和详细的评估，毛爸妈可以向主治医生咨询，家中毛孩是否真的有必要且适合接受手术治疗。

 该如何预防或改善支气管塌陷呢？

 四大原则要注意。

当然，除了医生提供的治疗之外，毛爸妈也可以通过四大原则帮助改善或预防气管塌陷造成的症状。

1. 控制体重

研究证实，大多数气管塌陷的狗狗都是过度肥胖的，脂肪堆积在胸腔内会影响胸壁的运动和呼吸的功能，所以减肥和体重管理也是治疗气管塌陷很重要的一环。毛爸妈可以试着减少喂饭量，或者咨询主治医生使用减肥饲料，以及让毛孩适度地散步、运动，避免肥胖造成症状恶化。

2. 减少空气中的刺激物质

空气中的灰尘、尘螨、油烟、刺激物都容易造成呼吸道不舒服而咳嗽。家中可以使用空气净化器，勤打扫来减少灰尘，如果附近室外有施工或空气污染，可能要减少开窗。另外很常见的空气刺激来源就是吸烟，如果家人有吸烟的习惯，毛孩可能因为长期吸入二手烟而造成呼吸道的发炎。有些毛爸妈会躲到厕所或阳台抽烟，以为这样就可以避免刺激，但其实烟味会附着在我们的衣服上，狗狗还是会吸到三手烟而容易咳嗽，所以可以的话还是要尽量避免家中环境有任何机会沾附到烟味。

3. 避免使用颈圈

前面有提过，狗狗的颈部如果受到外力挤压也很容易刺激气管造成咳嗽，所以带狗狗散步的时候最好能使用胸背带取代颈圈，避免狗狗在拉扯的时候刺激到颈部。

4. 避免过度兴奋及剧烈运动

很多毛爸妈会发现，狗狗最容易咳嗽的时候就是在他们下班回家进家门的那一刻，因为狗狗通常会热烈的欢迎，兴奋的转圈、吠叫，容易影响呼吸造成咳嗽。所以毛爸妈可以在一回家的时候就立刻把狗狗抱起让他冷静，减少他兴奋的时间。如果家里有2只以上的狗狗，激烈的追逐、吵闹也要尽量避免，以免运动过度造成喘不过气。

只要把握这些原则，配合医师的指示，气管塌陷也是可以有很好的生活品质的！

关节异位初期可用中药改善

传统医学脏腑学说中将肝、心、脾、肺、肾分别对应了经（络）、脉（血管）、肉、皮、骨，所以说若是出现了骨头方面的问题，常会归咎于先天肾气不足，若年老时出现了关节性的问题导致行动不便，还要考虑命门火衰的缘故，即退化，膝关节异位可以算是小型犬最常见的骨科问题。

多数来就医时，已相当严重

有此问题的狗狗通常症状会随着使用情况、年纪及体重慢慢变严重，临床上饲主大多是在有症状时才会带来就医。多半会说："医生，他走路怪怪的"、"他会突然把脚缩起来，或者出现跛脚的情况"有时候已经严重到需要开刀治疗时才来就医。

传统医学虽然也能稳定病情，但由于膝关节异位属于结构上的问题，若已经达到3、4级的情况，还是建议开刀治疗，有些长期跛脚的狗狗开刀后恢复较不理想，这时候可以搭配康复训练或用针灸刺激调理。传统医学中很注重预防保养，所以若能在关节异位初期配合中药调理及关节营养品的补充，是可以改善或维持异位情况的。

气管塌陷要避免情绪起伏

因为气管塌陷会使哈比有时突然出现一阵干咳，像是鹅的叫声，有呼吸急促的现象，而其气管腹侧是由软骨环组成，背侧由平滑肌组成，在传统医学中脾主肌肉，肾主骨，还会有肺位于上焦胸中，上连气道，开窍于鼻功能主气、司呼吸，所以治疗方向朝3个方向去着手。

1. 补肺益气、止咳定喘。例如，补肺散加减
2. 益气健脾。例如，香砂六君子

3. 温肾纳气。例如，肾气丸（金匮）

这只是大方向，实际治疗上还是会因个体而有所差异，药方是死的，个体是活的，还是要让动物医生对毛孩做整体评估才能达到有效的治疗。另要注意气温的变化及空气中的刺激物质，另外，因为情智属心，心属火，肺属金，而火克金，所以也要尽量避免情绪起伏太大才好。

　　可以针对某些穴位的按摩刺激，来加强毛孩腿部的功能！不过疼痛时请勿选择病兆区按压，此时易有相反效果，还是建议询问医生后再实施比较好。

1. 委阳
   - 位置：膝腘横纹外侧端
   - 主治：腰脊强痛、水肿、腿足挛痛，有疏筋利节之功
2. 委中
   - 位置：膝腘窝正中
   - 主治：腰痛、髋关节活动不利、腘筋挛痛、下肢痿痹
3. 阳陵泉
   - 位置：腿膝外侧
   - 主治：膝髌肿痛、下肢痿痹、呕吐、黄疸

照护小教室 2

　　平时可以按摩这3个穴位来保养毛孩的气管，1天3~4次，1次
3~5分钟即可!

1. 列缺
　　・位置：桡骨远端桡侧上方凹陷处
　　・主治：头项强痛、气喘、咽喉痛
2. 肺俞
　　・位置：第3胸椎，旁开约1寸5分
　　・主治：咳嗽、气喘
3. 风门
　　・位置：第2胸椎，旁开约1寸5分
　　・主治：气喘、心悸、支气管炎

备注：可参考第191页中的毛孩穴位图。

我该如何发现你的痛？

最安静的器官，最难发现的问题
——肝病

肝，一向是个沉默的器官，不只在人身上，毛孩身上也一样。

当他们开始出现症状时，常常已经相当严重，

想保护他们，唯有定期检查！

基本资料

★主角：**圆圆**

★性别：女

★种类：狗

★其他角色：无

★毛主人：圆圆妈妈

★症状简述：肝病

一直到发病前我都不知道她病了

　　圆圆从小到大身体都蛮健康的，不太有什么问题需要去医院，并且每年固定施打疫苗。现在回想起2年半前，发病的前几天，虽然稍有感觉她胃口较差、比平常爱困，但在当时完全没有相关经验的情况下，实在无法迅速明确地辨别出，其实圆圆已经生病了。

　　发病的当天一如往常要喂早饭，但圆圆却完全无食欲甚至瘫软，这是从来没有发生过的情况，好不容易等到医院营业马上带去检查，血检结果一出来连

医生都很吃惊，肝指数远远超过正常值好几倍！当务之急就是先把指数降下来，所以除打针外，还开了口服药。

这样高的指数加上一只完全瘫软的狗，我很害怕会失去圆圆。

用药过程中情况稍微有好转，3天后再复诊，指数也有明显的进步，但还是需要持续地用药治疗，同时也向医生询问了疾病成因及后续照护的方式。从居住的部分先排除了环境及食物中毒的可能，医生再由X光、超声波及基因的方面去了解，推测可能是先天的缺陷及年纪的关系，引发肝脑症、肝门脉分流（小肝症）。因肝功能损害是不可逆的，在无法治愈的情况下以控制不再恶化为目标继续治疗。

在肝病发生后，圆圆的皮肤也开始变得不健康，容易因敏感及霉菌导致皮肤瘙痒而脱毛，偏偏针对霉菌使用的药物又对肝脏负担比较大，这个部分实在让医生也很头大，为避免肝脏负担过重，皮肤科的部分医生不建议再多服用药物，而改以外用药、洗澡或者饮食调整来改善。

我 想 问 医 生

1. 肝病要如何发现？
2. 狗、猫的症状是一样的吗？
3. 该如何预防肝病？

检查再检查才能及早发现与治疗

毋庸置疑，肝病的确是身体的沉默杀手之一。肝脏有很强的再生能力，即使大部分的肝脏组织受到疾病损害，都还能维持正常功能，直到80%以上的肝组织失去功能，才会出现肝衰竭的症状。这样的特性对于身体来说是好消息，因为如果不是太严重的毒物、发炎或创伤，肝脏都还能努力承受。但反过来说，也可能是个坏消息，因为肝脏疾病不太有明显症状或疼痛，等到毛孩真的出现症状的时候，往往都为时已晚，已经接近肝病的末期了。

 肝病要如何发现？

 定期检查是唯一途径。

因为肝病早期并无明显症状，所以要提早发现肝病通常只能靠检查。肝病可能会造成肝脏变大或变小，也有可能大小完全正常。如果肝脏肿大或边缘不规则，动物医生可能会在触诊时发现，但通常要变化得很明显才能发现，这也要动物愿意配合触诊才行。

从触诊到电脑断层，检查逐步递进

X光是另外一个可以评估肝脏大小的方法，但因为很多肝病不影响肝脏大小，所以准确度还是不高。一般最常用来侦测肝病的方法就是验血，当肝脏受到损害的时候，会造成肝指数升高，如同圆圆的情况，这时候动物医生就可以考虑进一步的检查和治疗。不过要注意的是，肝指数升高并不一定都代表肝脏本身的问题，有些内分泌的疾病也会造成肝指数的升高，如肾上腺机能亢进。动物医生会根据动物的情况决定是否需要做其他检验，进一步排除其他内分泌问题。

肝指数升高代表肝脏细胞受到损害，但不代表肝脏的功能不足，所以依照情况不同，动物医生可能会建议进一步做肝脏功能的测试。最常用来评估肝脏功能的测试就是"胆汁酸试验"（Serum Bile Acid Test）。因为肝脏属于消化器官，肝功能也跟食物消化息息相关，所以这个测试需要动物空腹时检测1次，吃饱之后再检测1次，借以评估他的肝脏能不能正常运作。这个测试以及另一个指标——血氨（Ammonia）的数值，对于评估圆圆的经历中提到的肝门脉分流、肝脑症以及其他问题造成的肝衰竭都非常有用。

所谓肝门脉分流指的就是肝脏先天在发育的过程中出现了血管畸形，本来应该供应肝脏养分的血管没有正确地进到肝脏，造成肝细胞营养不足而无法正常发育，肝脏会长得比正常的小，而这样的肝脏功能当然是不足的，因此会出现很多相关的症状。除了这个以外，肝病还有很多不同的类型，如中毒、铜累积症、急性肝炎、慢性肝炎、肝硬化、肝癌等。

腹部超声波结果影响后续疗法

由于种类实在太多，碍于篇幅无法详细地一一说明，但至少我们可以知道，光是验血知道肝脏受损还是不够的，还没有办法告诉我们受损的来源是什么，所以我们还需要进一步检查，最常见的下一步就是做腹部的超声波。

腹部的超声波可以告诉我们最重要的线索就是有没有明显的肿瘤、团块或阴影，毕竟如果是肿瘤，接下来就要考虑切除或化疗，对于毛爸妈下一步的决定会影响很大。除了肿瘤之外，超声波还可以告诉我们肝脏有没有明显肿大或变小、有没有胆管的阻塞、有没有明显的血管异常等。不过超声波检查还是有它的极限，受限于超声波的物理特性，对于太细微的病变及血管异常，超声波没办法看得非常清楚，这个时候就会需要更进一步的电脑断层扫描（CT）来协助。尤其是前面提到的肝门脉分流，由于血管的畸形常常十分复杂，还需要通过CT来做详细的评估。

如果在超声波检查时发现团块或阴影，其实我们还是不能知道这个团块是良性的增生还是恶性的癌症。如果没有看到明显的团块，我们无法分辨肝病的来源是发炎、中毒还是铜累积症等的代谢异常。这个时候，我们就会采样和做病理切片检查，在显微镜下仔细检查肝脏组织的变化，让检查结果来告诉我们答案。采样的方法有很多种，最准确的方法还是取一小块肝脏组织出来做检查（详情参阅第161页《什么是采样检查？重要性是什么？》）。

通常出现症状时，为时已晚

很多老年狗都有慢性肝炎的问题，但由于肝病要到很晚期才会出现症状，如果拖到出现明显症状才来采样，往往都为时已晚，可能已经有超过80%的肝脏失去功能，这时才开始治疗恐怕已经回天乏术。所以即使毛孩表面上看起来很健康，但如果肝指数持续飙高却找不到原因，非常建议尽早做采样检查，才能针对根本原因及早给予正确的治疗。

 狗、猫的症状是一样的吗？

 症状皆相似。

除了常见的肝病在狗、猫都有可能发生之外，猫还多了一种特殊的肝病，就是"脂肪肝"。

很多猫（尤其是胖猫）如果罹患了其他疾病，造成长期不肯进食（通常超过1星期），身体就会开始分解体内的脂肪组织，大量地往肝脏运送，企图提供能量。但肝脏一时无法负荷运送过来的这么大量的脂质，便全部堆积在肝脏细胞内，造成肝脏一下子失去正常功能，这时候就会加重病情，甚至可能造成死亡。

脂肪肝的问题在各种疾病中都有可能会并发，会让原本的病情变得更复杂更失控，是很令动物医生头痛的问题之一。所以毛爸妈如果发现猫咪食欲变差，千万不能轻视，一定要赶快看医生，才不会拖到她出现脂肪肝！

讲了这么多如何早期发现的办法，那假如真的不幸出现症状，到底肝病会有哪些症状呢？狗、猫的肝病症状都是类似的，当然各种疾病都可能造成类似圆圆这样疲倦、胃口变差的情况，肝病也不例外。

除此之外最常见的肝病症状其实就是黄疸，你会看到毛孩的眼睛、皮肤、舌头、甚至生殖器的黏膜都变成黄色，这个通常都反映出非常严重的问题，一定要赶快看医生。另外还有一些晚期的症状也可能出现腹水，也就是肚子里面不正常的积水，外观上会看到毛孩的肚子不自然的胀大或下垂，皮肤也可能会水肿。还有更可怕的症状是肝病造成的凝血异常，也就是毛孩会莫名的瘀血、瘀青，皮肤出现红色或黑色的斑点、斑块，这种情况只要一不小心受伤就会出血不止，夸张一点甚至会七窍流血，真的非常可怕！

 该如何预防肝病？

 六大方法缺一不可

那么，作为毛爸妈，我们到底能够做什么来及早预防以及发现肝病，避免情况演变到这么糟糕呢？以下提供毛爸妈们六大方法。

1．避免任何中毒的机会

有些毛孩喜欢到处乱吃、乱舔，如果不小心舔到一些化学药剂，就有可能中毒。所以家里的洗洁精、漂白水等化学药剂一定要收好，蟑螂药、老鼠药也要小心毛孩误食。另外，10年前曾经发生过大批狗狗黄曲毒毒素中毒的问题，原因是饲料保存不佳导致发霉产生了毒素，所以饲料、罐头一定要妥善保存，保持新鲜，避免受潮。放太久的饲料、罐头就应该丢弃，避免购买太大包的饲料造成保存不易，千万不要因为省钱而赔上她们的健康，最后因小失大。

2. 定期做健康检查

如前所述，肝病早期常常没有症状，毛孩表面看起来完全健康，只有验血才能知道肝指数有异常，所以定期详细的体验非常重要，千万不要因为毛孩表面看起来正常就不做体验，等到真的出现症状就来不及了！

3. 尽早做进阶检查

正如前面所说，采样检查是准确诊断肝病原因的关键，但因为采样肝组织往往需要手术和全身麻醉，在毛孩表面上看起来很健康的时候，毛爸妈常常都会却步，无法下定决心检查。所幸近几年已经有不少动物医院能够提供微创手术采样的服务，能够大幅减少对毛孩的伤害，毛爸妈可以向主治医生咨询，尽早替毛孩做详细检查。

4. 补充肝脏保养品

其实现在肝病能使用的药物不多，在还没采样确定根本病因之前，动物医生大多会开一些肝脏的保养品给毛孩吃，主要是减少氧化自由基对肝脏造成的伤害，并且补充一些肝脏所需的养分，等待它修复和再生。这些保养品对一般的急性肝炎或肝损伤是确实有效的，如果问题不大，的确可以在几周后看到肝指数慢慢降回正常。然而，如果根本原因是慢性肝炎、肝硬化、癌症或血管异常，这些保养品就帮不上忙了。所以再次重申，详细检查确认根本原因才是治本之道。

5. 肝脏处方饲料

有些长期肝病的动物可能会需要改吃肝脏处方饲料，这些饲料会减少蛋白质的成分，减少肝脏在消化上的负担，也会加入一些抗自由基的成分来减少肝脏损伤。不过这些处方饲料会影响毛孩的营养均衡，一定要在动物医生的指示下才能使用，千万不要擅自购买喂食，可能反而会害了毛孩。

6. 平时多注意有没有相关症状

肝病的症状在前面已经提过，毛爸妈平时在家就可以多多观察毛孩的黏膜有没有泛黄、肚子有没有胀大，皮肤有没有奇怪的瘀血等。只要发现任何异样，都可以赶快咨询你的家庭动物医生，宁可信其有不可信其无，才不会延误毛孩的病情哦！

照 护 小 教 室

有以下症状时，很可能与肝病有关，需赶紧就医！

1. 胃口突然变差

2. 眼睛、皮肤、舌头、生殖器黏膜变成黄色

3. 肚子不自然的胀大或下垂

4. 皮肤水肿

5. 莫名瘀血、瘀青

6. 皮肤出现红色斑点或黑色斑块

7. 一受伤就出血不止，甚至七孔流血

动物也有食品安全问题，乱吃定出大乱子

中国人很喜欢补，虽然有预防医学的观点支持，但切勿乱补或随意听从不明来源的建议。事实上就中医而言，并不是只单纯靠吃来补就可以了，而且乱吃、乱补反而会适得其反。

中医中，肝并非单指肝这个脏器，肝属木，喜青色，生理功能有藏血（贮藏血液、调节血量）、疏泄（情志、胃肠道、全身）、主筋（肌腱和韧带）、开窍于目共4种功能。所以有一些症状如四肢抽搐，由中医治疗时要由肝下手。

肝指数上升的原因太多，需先查明再治疗

当动物中医说肝有问题时，并非真的指肝功能有问题，中医所讲的"肝"比较接近现代医学中自律神经方面的功能，中医上属于肝的病因区分为肝火上炎、肝血虚、肝风内动（病因又分：热极生风、肝阳化风、阴虚生风、血虚生风）、寒滞肝脉、肝胆湿热、肝胆寒湿等，涵盖很广。

那若真的肝功能出问题时，毛孩会有以下症状：疲倦、发烧、食欲减少、呕吐、上腹疼痛，严重的甚至会有黄疸、腹水、昏迷等。

那中医上如何处理呢？其实不是肝指数上升就赶快补肝、吃保肝药就能解决，肝脏负责的功能很多，所以当一个环节出问题时就可能让肝功能上升，如吃的东西新不新鲜、有无毒性可能是化学物质、某些植物、零食添加物是否太多、胆管阻塞、脂肪肝、先天小肝症甚至是肝肿瘤等，有太多可能。

此类情况大多先从验血开始，若指数上升，需更进一步血检、影像学检查等。针对临床上常见肝指数上升的问题，多以肝受湿热毒邪为主，治疗方式多为清热利湿解毒，使用的中药如连翘、黄连、贯众、板蓝根、黄柏、白花蛇舌

草、大黄、茵陈、鱼腥草、山栀子、丹皮、赤芍、川黄连、矾石、青蒿、黄连、银花、败酱草、半枝莲、连翘、黄芩、蒲公英等。

仔细检查食品添加物，自己亲手做更好

圆圆的肝脑症在传统医学中认为因为外感湿热疫毒，内阻中焦，导致肝失疏泄；而湿热夹毒，郁而化火；若热毒内陷心包则神昏谵语像是昏沉、意识不清，但临床上还是会根据血检及影像学检查来断定，是否为门脉分流导致肝脑症的发生，而肝脑症病因有很多，门脉分流只是其一。目前我在临床治疗上多以中西医结合治疗，以加强治疗效果，有时状况严重仍需转介去做手术处理。

现在的毛孩都很幸福，除了一日三餐以外，零食种类很多，相应的食品中添加物也会比较多，这些都需要肝脏来代谢，无形中增加了肝脏负担，要评估好小宝贝的状况，适时适量进行添加是很重要的，若已出现肝指数上升的状况，切记有添加物的零食要禁止，人吃的食物会出问题，毛孩的产品一样会有食品安全的问题，所以只能选择优良品牌的产品，或者干脆自己亲手做吧。

这是你爱他的最佳方式

毛爸妈，这次问题在于你——
不愿意定期检查

探讨完最常见的毛孩问题后，最后一篇，我们来谈谈毛爸妈的问题
许多毛爸妈不愿意花时间与金钱为宝贝毛孩们定期检查。
但毛孩从来不会对你喊痛，等他们出现症状时，常常后悔莫及……

基
本
资
料

★主角：**小黑**

★性别：男

★种类：狗

★其他角色：无

★毛主人：小黑姐姐

★症状简述：血尿

再来一次的话，我一个检查都不省

　　2014年，他从工厂看门狗变成流浪狗，在我们家这一带随处睡，四处找食物乱吃，我怕他乱吃被毒死，所以每天晚上都出门去找他，把他领到家门口吃饭，久而久之他就踏进我家，成为我家的一分子。第一次带他去看医生时，因为他不肯坐地铁加上出租车不肯载，只好牵着他走了快5千米去看医生。在诊所内，医生坚持必须将他弄上看诊台才能开始检查，我试了很多次，最后是在助理的帮忙下，才把22千克的他抱上去，做了基本检查加"4合1检验"，当时的

结果样样都顺利过关，但过程太折腾了，让我们对于看医生都有点抗拒。

后来因为他年纪也大了，在姐姐的推荐下去了另一间医院帮他做健康检查，做了血检加拍片，虽然过程也不是很顺，但至少医生同意让他在地上就诊，要一个弱女子扛大狗上桌真的很折磨人啊！

这次的血检结果却让我担心了好久，医生说血检结果显示他有艾利希体（一种常见的致病菌），我说之前做过4合1的检验结果是阴性的，但医生依旧坚持，用4合1检查不出潜伏期指标的说辞让我信服，连我询问是否要做PCR检查（一种分子生物学检验方法），医生都说不用浪费钱。接着就是一连串的吃药、回诊、吃药、回诊，除了第一次回诊，血小板指数有上升之外，其余的每一次都没有太大的进展。半年后，医生说那可能是他以前得过，现在已经是慢性期，所以不再吃药，改由日常观察即可。接着就是我每天都像傻子一样，天天观察他的尿、观察他的牙龈，生怕哪天一个不注意，就失去了他。

看着他一切如常，我以为他会陪我很久

之后两年因为他活动力很正常，吃喝也正常，一直觉得他会这样健康地陪我很久很久，直到有天他突然尿血（原本以为只是膀胱发炎），紧急带去看医生后，却得到了肿瘤占满整个膀胱的答案……医生说没办法开刀，只能减轻负担，最长可以撑半年。不信邪的我换了另一家医院检查，结果也是一样，但很幸运的是，在吃药吃了2个月后的回诊复检，肿瘤消失了，那一天是12月24日，医生说这是老天爷给我的圣诞礼物。

接着就是定时地回诊照照超声波，但后来他有淡淡的血尿加上比较容易喘的症状，保险起见，我还是带他回医院检查，膀胱超声波过关、腹部超声波也安全，心脏超声波也看起来正常。我问了医生："以前他在别家医院有被诊断出艾利希体，会不会是发病了？"当时那位医生决定帮我送PCR检查，确认有没有血液寄生虫。

3天后，得到的结果是他体内没有任何一种血液寄生虫，这时候很后悔以前没有坚持送检，或是换一家医院再次检查，让他白白吃了半年多的药。后来血

尿及很喘的原因还没找到，他就开始不吃、不喝、不吃药，不到1个星期，他就在我们散步的时候倒下了，再也没有醒来。

狗狗看医生，有很多的困难，狗狗很会忍，常常等到主人发现时问题已经很严重了，1年一次甚至半年一次的体检真的很重要，我常常想，如果我真的每半年让他做1次体检，是不是他就不会那么快离开我？

再就是带出门遇到不坐地铁，家里又没汽车的少爷狗真的很崩溃，出租车司机很少愿意载大狗，尤其是米克斯，只能靠双脚或是拜托朋友帮忙。最后是血液寄生虫因为目前没有任何疫苗可以预防，在检验确诊上也有一定的困难，4合1查不出刚感染的毛孩，PCR适用于刚感染跟初期，当时因为医生从血检里判断是艾利希体，我没有坚持再做4合1或PCR，导致后来的日子整天紧张兮兮地观察他有没有任何病症出现，所以如果再让我选一次，我宁愿多花钱买一份心安!

我 想 问 医 生

1. 半放养的狗狗，检查的频率要更密集吗？

2. 多吃药对于狗狗有伤害吗？

3. 很多检验好像受潜伏期的影响，应该如何克服这个问题呢？

这些检查并不是只想花你的钱

如同小黑姐姐所说，毛孩生病和人最大的不同，就是他们不会说话，没办法用语言表达出他们哪里不舒服。同时他们还很会忍耐，轻微的不舒服可能都完全不会表现出来，常常都要等到很严重撑不下去了才被家人发现。所以对于毛孩来说，定期的详细体检和疾病预防是非常重要的。

Q 半放养的狗狗，检查的频率要更密集吗？

A 要，户外环境有更多病原。

其实读完小黑的故事，我感觉小黑姐姐已经是非常用心的饲主，虽然故事的结局有些遗憾，但希望小黑姐姐不要太过自责。

以半放养的狗狗来说，由于时常在户外，可能会接触到很多不同的病原，所以我认为增加检查频率，并且做好预防措施是非常重要的，在一开始收养时就要检查有没有受到传染病的感染。动物医生会先检查皮肤表面有没有被跳蚤、壁虱、细菌、霉菌感染，而且收集一些粪便，利用显微镜检查肠胃道有没有寄生虫感染。

血液寄生虫，除了可以用显微镜简单检查之外，小黑之前做过的4合1检验实际上就包含了6种狗狗常见的血液寄生虫（心丝虫、莱姆病、犬型艾利希体症、尹文艾利希体症、嗜吞噬球无形体症和片状边虫症），简单介绍如下。

心丝虫

通过蚊子传染，是主要寄生在心脏和肺动脉里面的寄生虫。尤其夏季由于天气炎热，就算在室内都很难完全不被蚊子叮咬，所以就算检验阴性之后也最好要每1~3个月使用预防药物来预防心丝虫。(有关犬心丝虫症更详细的介绍可以参阅第176页《带毛孩出门之前，你做好准备了吗?》)

片状边虫症、两种艾莉希体症

经由壁虱传染，感染在血小板上，会造成血小板下降，影响血液凝固的功能。一旦血小板数过低，就有可能造成皮肤瘀血、出现出血斑、流鼻血、甚至受伤后流血不止等症状。

嗜吞噬球无形体症

经由壁虱传染，感染在白血球上，可能会造成贫血和白血球减少的问题，影响身体的抵抗力。要注意的是这种寄生虫是人畜共患病，除了感染毛孩之外，连人类也可能会被传染。所幸目前发病率不高，但还是必须小心。

莱姆病

经由壁虱传染，是一种由伯氏疏螺旋体属生物引起的细菌性传染病，也是人畜共患病，有可能会传染给人类。可能会有发烧、疲倦、关节炎、跛脚、四肢僵硬疼痛等症状，人类感染后还可能出现游走性红斑。幸运的是这种疾病还很少见到。

除了4合1检验可以检查到的这几种疾病之外，还有一种常见的血液寄生虫，是这项检查无法检测的，称为"焦虫"。焦虫也是经由壁虱传染，会寄生在红细胞上造成红细胞大量的破坏、溶血，进而导致严重贫血及血小板降低，同样会造成狗狗严重的不适、黄疸，甚至死亡。虽然严重的焦虫感染有可能在显微镜下被检测出来，但若虫量不多时显微镜就可能看不到，这时就需要将血液样本送到大型实验室去做PCR检验。

PCR检验，复制样本并减少误判几率

小黑姐姐提到的PCR检验，一般人可能并不了解是什么，其实PCR检验全

名是"聚合酶链式反应"，是一种将基因片段快速复制、增加的技术。

简单来说，我们想要检查病患是否被某种病原（可能是细菌、病毒或寄生虫）感染，但若是我们采集的样本中病原的数量不够多，就不容易被检验仪器侦测出来，而可能会得到阴性的结果。但实际上病犬并不是健康没有被感染，而是还在感染的早期或潜伏期，所以病原数量很少，造成"假阴性"。

为了避免这种误判的情况，我们可以利用PCR技术，在实验室里通过特殊的酶素去侦测各种病原的基因序列，把这些序列快速复制，让它的数量增加到可以被机器侦测到的范围，这样即使一开始检体里面的病原量很少，也可以被我们侦测出来，减少误判的可能。这种PCR技术现在已经广泛运用在各种疾病的检测当中，是比较准确的检验方法之一。不过由于需要耗费较多的时间和成本，费用也会比较昂贵，毛爸妈可以和动物医生讨论，针对个别毛孩的需求来检验。

8岁以上，更要勤检查

当然除了传染病的检查之外，年纪大的毛孩跟人类一样，也会比较容易患一些老年慢性病。我建议依照毛孩不同的年纪，在8岁之前可以每3年做一次详细的健康检查（包含完整血液检查、胸腔及腹腔拍片等），而8岁以上的老年动物，则建议每半年到1年做一次详细的健康检查（包含完整血液检查、内分泌检查、胸腔及腹腔拍片、心脏及腹腔超声波等）。老年动物比较容易有癌症和心脏病的问题，一般验血和拍片检查是不容易及早发现的，尤其像小黑这种膀胱肿瘤，必须通过B超检查才能发现，所以老年毛孩的健康检查一定要详细，千万不要为了省小钱而后悔莫及。

 多吃药对狗狗有伤害吗？

 副作用并不是洪水猛兽。

任何一种药物都有它的副作用，即便是中药、天然草药也不例外，只是副作用有大有小，是不是在可接受范围、容不容易被发现而已。副作用并不是洪水猛兽，药物只要使用得当，根据动物医生指示调整剂量和给药次数，不要自己随意加减药的话，一般都能控制在安全范围内。

当然也有的时候为了达到比较强的药效来治疗重大的疾病，可能需要承受一些明显的副作用（如癌症的化疗药物），这种时候就更需要与主治动物医生好好地沟通及讨论，制定最适合毛孩的治疗方案。有关药物副作用的一些疑问，可以参阅第170页《保健食品到底有多神奇？》，会有更详尽的讨论。

药物治疗，过与不及都不好

当药物治疗对病宠来说是"必要"的时候，将副作用控制在可接受的范围内，是作为医生应尽的义务。当然，作为医师的另一个重要职责，也是要避免"不必要"的治疗。但是如何去区分"必要"与"不必要"呢？其实在有些情况下它们的界线是有点模糊的，有时候，动物医生和饲主之间对"必要"与"不必要"的判断也会有落差。很常遇到的情况是，有些慢性病或内分泌疾病，在初期症状并不明显，可能只有在检查中意外被发现。

对于动物医生来说，因为我们知道如果不在初期及早控制，将来恶化之后就会越来越难以治疗，所以我们认为药物治疗是"必要"的。但对于有些饲主来说，因为症状不明显，吃药不吃药看起来好像没什么差别，觉得多吃药伤身、好像"没有必要"治疗，他们可能就会开始偷懒不喂药、不回诊，等到病情变严重时才回头治疗，常常就为时已晚。相反的，也有另一种情况是毛孩的状况并不需要吃药，可能只是出现一些正常老化造成的症状，但饲主求好心切，希望用尽一切方法让毛孩变回"正常"，或是希望多给他吃一些东西强身健体，这时候给予药物治疗就是"不必要"的，即便副作用控制在可接受的范围内，但因为毛孩本来就不该承受这些不必要的风险，这种多吃药就真的是伤身而没有益处了。

也有一种情况，药物是拿来诊断、检测的

另外还有一种情况是，在没有充分的检查辅助下，由于线索太少不足以确

定诊断疾病，动物医生只好给予一些药物做"诊断性治疗"。所谓"诊断性治疗"的意思是，假设我们怀疑毛孩罹患了某种疾病，就给予针对这个疾病有效的药物来尝试治疗看看，假如给药之后有明显好转，就可以推测"也许"毛孩真的是罹患了这个疾病。

这种做法最常运用在检验很昂贵、费时、或侵入性很高的时候（如必须开刀、全身麻醉检查才能确定结果的时候），我们可能就会试着用"诊断性治疗"来代替。这种做法听起来很合理、很省事，但其实还是有很多缺点，例如，倘若主治医生怀疑的疾病方向是错误的，那病宠不只是白花了药物的钱、白吃了不需要的药？最后可能还是得做进一步的检查。更糟的是，病宠还浪费了这段疗程的时间，有时候可能会因拖延病情，造成更多的并发症，那就真的是省小钱、花大钱了。

那假如尝试吃药之后真的有好转，是不是就确定诊断结果、解决问题了呢？其实也不是。有些药物影响的层面比较广泛，如消炎药、止痛药，对于身体任何一个地方的发炎、疼痛都可能有效，我们以为背痛，给了止痛药之后毛孩就比较舒服、有精神了，于是我们就断定他是背痛造成的不适，但其实他也可能是肚子痛或其他地方疼痛，只是刚好也被止痛药控制住了，我们可能就会被这个结果误导，而忽略了他肚子里面可能有肿瘤、发炎等疾病。

"诊断性治疗"不会是优先选项

也因为有这些缺点，对于一位认真细心的动物医生来说，"诊断性治疗"绝对不会是他的第一选择。能够详细地检查，得到明确的诊断证据，再精准地对症下药，才不会让毛孩走冤枉路、让饲主花冤枉钱，甚至拖延了病情。

当然，以现实考量来说，很多检查的费用也不便宜，所以常常会有饲主质疑动物医生为什么要做这么多各式各样的检查？其实每一种检验提供给我们的线索都不一样，如果动物医生能拿到越多不同的"拼图"碎片，拼凑出来的线索才能更完整，对病情的了解才能更全面。有关各种检验的详细介绍，可以参阅第155页《为何要做这么多检查？还这么贵？》以及第161页《什么是采样检查？重要性是什么？》

很多检验好像都受潜伏期的影响，应该如何克服这个问题呢？

 因此更要定期检查！

小黑姐姐问到的检验与潜伏期的问题，其实应该细分成疾病病程、检验原理和不同检验的"假阴性""假阳性"问题来讨论。

所谓疾病的潜伏期，指的是身体被病原感染之后，到真正发病出现症状之前所经历的时间，也就是病原已经住在身体里面，但因为还没有出现症状，所以不容易被发现，要经过特别的检验，才会从检验报告当中得知病原的存在。毛孩如果没有定期体验，在潜伏期没有症状的时候，家人通常不会特别带他们去看医生，所以在潜伏期的疾病是很少被发现的，这也再次提醒我们定期体验的重要性。反过来说，如果一个疾病已经出现明显的症状，那它就已经不是处于潜伏期了，这个时候影响检验结果的，就会是检验的原理、准确度了。

小黑的故事中提到，医生说："艾利希体用4合1检查不出潜伏期"，其实更精确地来说，是因为4合1检测的是艾利希体的"抗体"，而非"抗原"。什么是抗原？什么是抗体呢？

何谓抗原？

抗原是指致病的病原（细菌、病毒、寄生虫等）本身带有的，可被身体的免疫系统辨认为外来物的蛋白质。可能是细菌外面的一层膜、也可能是寄生虫的虫体的某一个小构件。如果一项检验检测的是抗原，代表它是直接去侦测病原本身。当这个检测呈现阳性，就可以证明病原是存在病宠体内的。

何谓抗体？

病宠身体的免疫系统在辨识到有外来物的抗原出现之后，会针对这个抗原产生可以与其结合的抗体，当抗体与抗原结合之后，就标示了这个外来物是敌人，并吸引更多的免疫细胞前来把这个外来物清除。我们平常定期打疫苗就是为了让身体提早辨认这些病毒并产生抗体，下次如果有病毒入侵的时候，身体就可以很快地辨认并标示它们，在它们还没繁殖之前就先快速地把它们清除。

如果一个检验检测的是抗体，当它呈现阳性的时候，我们只能说这个病原"曾经"在病患体内存在过，使免疫系统产生了辨认它的抗体，但不能说它现在"正在"被感染。因为即使病原被清除干净之后，抗体还是会持续存在一段时间，这也是为什么我们打疫苗产生的抗体能持续保护我们。假如，打了B型肝炎的疫苗，我们去检测B型肝炎的抗体结果也会是阳性，这并不是因为我们正在受到B型肝炎的感染，而是因为之前打疫苗让少量的病毒出现在我们体内，使得免疫系统产生了抗体而已。

不是每个疾病都能检验抗原

以小黑为例，其实是因为4合1检查检测的是艾利希体的抗体，而身体在被病原入侵到能产生出抗体还需要一小段时间，例如，犬型艾莉希体症要在感染后12～14天抗体才会被检测出来，嗜吞噬球无形体症要在8天后，片状边虫症则要到感染后第16天才会被检测出抗体阳性。所以如果4合1检查是阴性，又很担心会不会是感染早期所以检测不到的话，可以在2～3周后再验1次进行确认。

这也是为什么医生都会要求病宠复诊，甚至重复做同一个检查，因为随着疾病病程的发展，在不同的时间点检验结果可能会完全不同。相反的，如果4合1检测结果是阳性的话，我们只能说他"曾经"被感染过，而无法得知他现在是否正在感染，因为即使艾利希体已经被身体清除，他的抗体还是会持续存在体内数个月甚至数年（一般认为至少6个月）。所以如果没有任何症状的话，单凭抗体阳性的结果，是不能断定他正在感染的。

看到这里相信读者都会有疑问，既然检测抗原比较准确，那为什么还要检测抗体呢？为什么不是所有检查都直接检测抗原呢？原因是在医疗技术上，不见得每个疾病都能有可靠的方法检验抗原，或者有些疾病抗原的检测方法需要花费较多的时间、需要较特殊的仪器设备、只能在大型实验室进行等，而无法在一般诊所检测。因此一般动物诊所会准备比较简单快速的检验试剂，先针对可疑的疾病做大概的筛查，假如有可疑之处，再进一步将样本转送大型实验室去做检查，如此一来就可以节省不必要的时间与费用。

无法100%准确，所以需要辅以不同检验

在小黑的故事中，当艾利希体的抗体检测结果呈现阳性的时候，要进一步确认是否正在感染，就可以运用我们前面提到的PCR技术，将样本送到大型实验室去检测抗原。如果PCR检测结果抗原为阴性，可能小黑只是以前感染过而现在已经痊愈；如果检测结果抗原为阳性，则表示现在正在感染，需要药物治疗了。不过因为PCR检测的费用比艾利希体的治疗药物昂贵很多，加上前一次抗体阴性、这一次抗体变为阳性，可能主治医生就推测他很可能正在感染，而选择"诊断性治疗"的方式尝试给予药物。如果饲主对于这样直接吃药的方式有疑虑，除了可以主动提出希望做进一步检查之外，也可以找其他动物医生就诊寻求第二意见，相信大部分的动物医生都很乐意进行更详细的检查的。

最后还要补充一点，不论是哪一种检验，都有"假阳性"和"假阴性"的可能性，也就是即便我们用了最好的方法去检测抗原，也没有任何仪器和方法能保证100%准确。例如，抗原数量太少，低于仪器能检测的范围，或者仪器出现误差，就有可能出现"假阴性"的情况（检测结果是阴性，但实际上病原是存在的）。

反之，有时候虽然没有病原存在，但如果样本混入了一些杂质让仪器辨认错误，或是身体里面有类似病原构造的蛋白质让仪器误判等，都有可能出现"假阳性"的情况（检测结果为阳性，但实际上病原不存在）。不管是动物医生或实验室都会极力避免可能造成"假阳性"和"假阴性"的情况，所以发生的几率很低，但仍然不可能是零。因此动物医生会运用专业知识，配合毛孩的症状以及不同检验的结果来综合判断（多个检验同时出错的几率极低）以提升诊断的准确性，这也是我们需要利用各种不同的检验来辅助医疗的原因之一。

他们通常比你更能忍耐不适

中医特别强调"治未发生的病"，即类似西医预防医学的观念，减少致病的来源，那生病的机会当然就减少。道理很简单，但实际饲养的条件不同，状况也有所不同，还有某些疾病会与品种有相关性，所以只能说尽力而为即可。现在随着医学的进步，许多疾病都能尽早发现尽早治疗，但前提是要去医院做检查，才有机会与医生讨论，也可以多询问几个医生，毕竟医生专长也有所不同。

中医 跟你说

对于半放养的狗，由于生活环境的关系，检查频率的确可以更密集些，饲主可以重点固定喂食内、外寄生虫预防药，心丝虫预防药等，简单的预防可以先做，减少得病的机会，如体内寄生虫（蛔虫、绦虫、钩虫等）、壁虱叮咬可能的血液寄生虫(大焦虫、小焦虫、艾莉希体等)、跳蚤过敏症、蚊子媒介的心丝虫等。

半放养，毛孩吃过什么你不会知道

饲主若有预防的观念，得病几率将降低，有症状，与平时表现不同，则可带至医院检查，至于一般健康检查，如血检、拍片、B超等可依需求追加，一般5岁前1年1次血液检查就可以，除非原本有某些指数超过标准需要追踪，则可频繁一些。半放养的狗狗，对于肝肾要多注意一些，因为毛孩在外面吃过什么，你不会知道，有时慢性肝炎或慢性肾衰，在初期不一定有明显症状，要知道动物通常比我们还能忍受身体的不适，而且不太会表达，这样容易错过治疗的黄金期。

俗语说："是药三分毒"，不论中药或西药，药都不能随便乱吃，类似的症状可能由不同病因造成，所以用药需咨询专业的动物医生，即使从网上得到了网友的建议，也请先咨询动物医生的建议，如此便可多一份用药安全。

合格中药，不需担心重金属残留

中药在某方面来说比较天然，曾经有客人问我："医生，中药会不会有重金属残留啊?"我都回复他们："现在大多用的是合格中药，有品牌的合格中药都会做检验，甚至有农药、黄曲霉毒素、细菌、霉菌残留的检验，所以真的不用担心，除非你自己买生药回来用，那就不一定了。"

在某些调理保养上，中药是可以长期吃的，但是建议还是要让动物医生帮你安排，通常需随着毛孩的状况以及外在环境做适当的增减，同样保养气管，夏天跟秋天的用药就会有所不同，不会一药到底，传统医学强调的是整体性及与外界的互动性。

也不是说什么都要用中药，西方医学及传统医学各有其优点，像故事中小黑若真的有膀胱肿瘤，假如肿瘤还小的话，切除会是一个选择，若太大，也有专门的西药可以使用，中药此时可用以辅助治疗并发症，如肠胃道的不适、血尿症状、食欲不振问题，可以和医生讨论选择最适合的医疗方式。

毛主人们，请听我说

想要更爱他（她）们，你可以这么做

Chapter **2**

我到底该怎么跟医生描述症状?

为什么一定要定期体检? 很贵呢!

哈, 可是网上都这样说!

毛孩老了, 这些都是正常的吧?

安乐死? 你说什么, 这怎么可以!

毛爸妈们, 这些问题你都不会问,

那, 让我来告诉你们吧!

第一次见面，
我该跟动物医生说什么？

　　一般人自己看医生时，可以轻松地说出自己的身体哪边不舒服，但是许多毛爸妈带着毛孩来到动物医院时，却常常不知道怎么开口。担心说错？内容害羞？都不用怕！

"明天就要见面了，好紧张。"

"我该跟医生说什么呢？医生会不会觉得我问这个问题很蠢？"

"有好多话想跟医生说，却不知道该怎么开口。"

　　每个人都有这么脸红心跳的第一次，没错，第一次带毛孩去看病，就像跟心仪的对象告白一样，明明很心急，却讲不出个所以然来。明明觉得家里宝贝哪里不对劲，却不知道该怎么跟动物医生解释他的状况。

毛孩不会说，不能连你也不会呀！

　　在动物医院里，常常听到这样的对话

"今天来看什么问题？"

"嗯……我觉得他有点怪怪的……"

"哪里怪怪的？"

"嗯……我也不知道，就是跟平常不太一样，好像很不舒服。"

"是哪里不舒服？"

"嗯……哎呀，我也不知道该怎么讲。"

毛孩不会讲话，动物医生难以了解他们发生了什么，更不用说很多毛孩一上诊疗台都吓得发抖，如果毛爸妈不坚强起来，动物医生要怎么明白你的心意呢？其实动物医生要的很简单。

毛孩的精神好不好？

食欲正不正常？

大小便正不正常？

有没有呕吐？

有没有咳嗽或气喘？

有没有打喷嚏？流鼻涕？流眼泪？

毛孩的问题千奇百怪，没办法一概而论。但是医生通常都会跟你确认上述的这些状况，尤其是食欲。记住！如果家里的毛孩胃口变差，甚至好几天不吃饭，通常就是有大问题了！一定要赶快去看医生，遵照医生的建议做完整的检查。

只要你能够回答得了这些问题，第一次看病就已经成功一半了。只要你能清楚明了地提供这些线索，接下来，就是我们医生的事了（握拳）。动物医生会根据你所提供的线索，朝他怀疑的方向询问你更进一步的信息，这个时候只要记得，你想到什么就细致无遗地回答就对了！

若说不出口，用拍的也可以

很多毛主人的内心恐怕会想：

"好纠结，不知道该不该跟医生说……"

不要再演内心的小剧场了。不管你犯了多蠢的错、做了多蠢的事，只要跟毛孩病情有关的，都诚实地跟医生说吧！就算毛孩不小心吃掉了什么你难以启齿的东西，也请相信医生，老实地告诉医生吧！医生除了医疗专业之外，也是很上道的！

或许你可能还是会这样回答动物医生：

"但是，他好奇怪，我实在是不知道该怎么形容呀！"

　　的确，有的时候毛孩的症状很难描述，或者就算有明显的症状，你的描述跟动物医生的理解也可能会有很大的落差。为了避免误会，不妨善用你的手机，把毛孩的症状录影或拍照下来。如果是大小便有问题，如拉肚子或尿尿有血，那么除了拍照之外，你也可以收集当天看病前的新鲜粪便或尿液，带来给医生检查。这些珍贵的样本往往可以带给动物医生相当多的信息，让医生更容易对症下药哦！

　　如果是细心的毛爸妈，也可以定期在家帮毛孩记录体重。有经验的毛爸妈都知道，每次看病，医生一定会帮毛孩称体重，除了要根据体重调整药物剂量之外，不明原因地快速消瘦或变胖，都可能暗示了毛孩身体出了问题。尤其是老年动物，常常因为一些慢性病或潜在的癌症而快速消瘦，平时没有留意，到医院时才发现，毛孩体重已经掉了一半，仔细推敲才知道原来半年前已经开始出问题了。如果可以定期在家记录，就可以早期发现异常，也让医生可以把握到黄金治疗时间！

　　帮毛孩看病，就像侦探在推理一样，如何还原事件的全貌，找到问题的症结，就看手上掌握了多少线索和证据。毛爸妈们的观察，对于能不能正确诊断有着决定性的影响，帮医生收集更多信息，一起找到破案的要点吧！

像拼图一样，拼出毛孩健康状况

为何要做这么多检查？
还这么贵？

多数人对于毛孩的身体检查，总是会忍不住心想："好贵，我不想做。"但是毛孩不会主动跟你说他很痛，如果不检查，我们就会知道得太晚。

大家应该都有类似的经验。每当认识一群新朋友，需要介绍自己的职业的时候，每一种职业得到的回应都不太相同，而旁人对你职业的回应，往往代表着这个社会对这个职业的既定印象及想象。我身为一位动物医生，因为是相对少见的职业，通常都会很幸运地得到大家惊喜的眼神。而接下来的对话，大概都会有迹可循。

一般人对我们的刻板印象——

"哇！你是动物医生，那你一定很喜欢动物吧？"

这个当然，临床动物医生工时长、压力大，能够持续从事这个行业，一定要对生命有非常大的热忱，能够从可爱的动物身上得到心灵的慰藉，不然很难坚持下去。

"哇！你是动物医生，那你会帮狮子、老虎看病吗？眼镜蛇呢？"

大学兽医系毕业后，每位动物医生会依照自己的兴趣发展不同的专长，所以什么动物都能看的动物医生比较少。我的专长主要在狗、猫，也有人选择非犬猫动物，如爬虫类、鸟类、小型哺乳类（鼠、兔等），也有人会选择经济动物，如牛、羊、猪、马、鸡、鸭、鱼等，这些动物医生就要到各个农场、养殖场去巡诊。

"哎呀，动物医生应该很赚吧！我看我们家门口那个动物医院，看个病都做好多检查，很贵的哦！"

嗯……这个问题就误会比较大了，相信每位动物医生听到这个问题心中都会充满无奈，我也刚好借这个篇章来解释一下，为何兽医都要做这么多检查，而且收费都不便宜。

首先大家可能忘记了医疗本身其实是非常昂贵的。有些癌症晚期的自费药物1个月就要花上十几万元，并不是医院乘人之危漫天要价，而是这些药物当初的研发制造就花了十几亿、上百亿，当然必须要收到相对应的费用。

除了药物、耗材的成本，我们还要考虑到其他固定成本，如医院的店租、仪器、设备、水电等。现在的动物其实非常幸福，因为动物医院设备大多都非常齐全，很多医院空间宽敞、明亮舒适。在大城市里，还有24小时营业的急诊医院或专科医院，这样的人力、物力的规模是国外很多动物诊所做不到的。

就我所知，即使是在美国，有些诊所甚至连验血机、拍片机都没有；而在空间上，很多诊所是连走廊都没有的，要进到里面必须穿过好几个房间，更不用说候诊区只坐3个人就满了，舒适程度真的是天壤之别！

此外，动物医生的培养也要钱啊！

除了明显可见的有形成本之外，最容易被大家忽略的就是动物医生的专业养成这个无形的庞大成本了。一位有执照的合格动物医生，除了大学念得比其他专业久，必须读5～6年（包含实习）的兽医系之外，毕业后还必须通过相关考试才能拿到合格的执业兽医执照。而即使已经经过这么多年的准备，毕业后要想独当一面，还需要大量的经验累积，以及前辈手把手的指导。

"医生，明天放假你要去哪里玩？"

"哦我凌晨6点要赶高铁去参加研讨会。"

"医生，你连着工作了这么久，终于可以放松一下了吧?"

"不行啊，接着还有一个会诊!"

所谓"学如逆水行舟，不进则退"这句话用在医学上是再贴切不过了。医学的进步日新月异，动物医生只要稍微停下来就会错过最新的技术及治疗方法，所以在忙碌的工作之余，他们还要大量阅读文献资料，以及到处参加医学研讨会和课程。所以我们的休假、周末常常都是在念书、上课当中度过的，甚至为了配合大家的上班时间，有很多课程安排在深夜进行。

那么也许有人会说，既然医生很专业，应该一眼就看得出来动物得了什么病啊! 为什么要做那么多复杂的检查呢?

定期检查，替毛孩说出身体不适

其实，动物医生看诊和人医最大的差别就是动物不会说话，而且他们可能会因为紧张、恐惧而抗拒检查，甚至攻击动物医生。我们自己平常去看医生，都能够细致无遗地描述自己哪里不舒服，哪个位置怪怪的，发生问题的前后做了什么事情等，这些对医生来说都是非常重要的线索，但毛孩是没办法告诉我们这些的。

因此，需要靠饲主帮忙告诉我们毛孩怎么了，加上仔细的听诊、触诊，当然，还需要更多精密的仪器设备，来帮助了解毛孩的身体出了什么问题。这些仪器如血液检查、拍片、超声波、内视镜等，它们即便在人的医疗中也都非常重要，在动物医疗中当然更不可或缺! 而且这些检验就像一块块的拼图，是彼此无法互相取代的（如果可以取代，就不需要两台不同的仪器了），所以我们才会需要依照情况做各种不同的检验，来拼凑出一个完整的答案，让我们能够准确地诊断和治疗。

那么这些检验到底可以告诉医生什么事情呢? 当然检验的内容五花八门，可以得到的信息非常多，不是几句话就可以讲完的。还有非常多不同的检查项目，可以在不同的情况下针对不同的疾病提供更多的线索。医生会依据毛孩的情况适时地建议你做不同的检查。比起单凭经验的主观推断，现在有了这些检验结果的辅助，可以让医生更精准地判断和治疗，减少毛孩的受苦时间，饲主也可以少绕很多路。很多长年治不好的疑难杂症，是因为没有做到足够详细的检验，才会一直找不到病因，无法有效治疗。这也就是为什么动物医生要做这么多检验，同时还要眼眶含泪地背负收费昂贵骂名的原因了。

各种检验及其目的对照表 以下仅列举一些大家常听到的检验，简单说一下它们可以提供的线索有哪些。	
检验方式	**检验目的**
听诊	可以检查动物的心跳快慢、整不整齐、有没有心杂音、呼吸音有无异常、肺部有无积水、分泌物。
触诊	可以摸到内脏有无肿大变形、淋巴结有无肿大、有无明显的肿块或异物、有无疼痛、四肢肌肉关节有无异常。
尿液检查	检查肾脏功能有无明显问题，泌尿系统有无明显发炎、感染。有无结石、结晶，有没有糖尿病。
粪便检查	检查粪便内有无寄生虫卵，有无血便、消化功能有无明显异常。
血液检查	了解内脏功能有无受损、发炎、衰竭。有无贫血、血糖异常、电解质不平衡、蛋白质流失、是否被寄生虫感染等。
胸腔拍片检查	检查心脏有无变大、肺部有无病变、发炎、塌陷、积水。有无团块、疝气、有无骨折等。
腹部拍片检查	检查腹部内脏有无变形、有无团块、结石、异物。内脏位置是否正常，有无疝气、移位。腹腔内有无蓄积液体或气体、有无明显发炎。

续表

检验方式	检验目的
心电图检查	检查心脏的跳动是否规律，有没有心律不齐的问题。
心脏超声波检查	评估心脏的收缩、舒张功能，检查血流有无异常，心脏结构有无缺损、狭窄、退化，瓣膜有无脱垂、闭锁不全等。检查心脏内各腔室有无扩张、缩小，心肌有无肥厚、变薄、有无肿瘤，心包囊及胸腔内有无积液等。
腹部超声波检查	检查内脏的内部结构，血流状况，有无肿块、阴影、水囊、脓胞。是否有结石、异物、肠胃阻塞、泌尿道阻塞等，也可评估器官的大小有无肿胀或萎缩，肠胃壁的厚度及分层有无异常、蠕动有无异常、内脏有无发炎等。如果检查到有异常的肿块，还可以通过由超声波的辅助检查，在不开刀的状况下收集异常的病变组织来做进一步检查。
内视镜检查	不同位置的内视镜可以帮助医生在不用开刀的情况下，就能看到不同器官的内部状况，如肠胃内视镜、鼻腔内视镜等。可以检查食道、肠胃有没有肿瘤、异物、发炎、溃疡等。如果发现有异物，可以用内视镜取出。如果发现有肿块，内视镜也可以帮助收集异常的病变组织来做进一步检查。
电脑断层扫描（CT scan）	有别于拍片只是平面的影像，电脑断层最重要的优势在于它可以把动物内脏的整个3D立体结构都看得一清二楚，这可以帮助医师找到躲在内脏之间被遮住的小肿块，或是找到一些先天异常的血管病变。对于一般拍片看不到的脑部、神经组织等，电脑断层也可提供更多细节。另外若要进行很复杂的肿瘤切除手术，医师也可在手术之前透过电脑重组的3D影像，更清楚地了解肿瘤的侵犯范围以及如何避免伤到大血管，制定更完善的手术计划。

续表

检验方式	检验目的
核磁共振（MRI）	由于核磁共振的设备非常昂贵，不管是购置、运作和维护都需要庞大的成本，所以目前拥有这个仪器的动物医院非常稀少。核磁共振最常用在神经系统的疾病检查，如脑部、脊髓等问题。做核磁共振检查时动物需要全身麻醉，费用也不便宜，但对于复杂难解的神经系统疾病可以提供非常珍贵的诊断信息。

※计算机断层在人类的医疗中已经非常普及，但由于设备昂贵，通常只有大医院有能力购置这样的精密仪器。不过近几年也已经有不少动物医院投资计算机断层设备，为的就是能让动物也能做到更精密的检查。有别于拍片只是平面的影像，计算机断层最重要的优势在于可以把动物内脏的整个3D立体结构都看得一清二楚，是非常先进的检验方式。

用小伤口换大平安

什么是采样检查？
重要性是什么？

在了解一般检查的目的之后，相信多数毛爸妈会比较愿意定期带着毛孩们前往动物医院了，但是对于可能会需要动刀的采样检查，仍然会感到害怕……

前面我们已经大概谈过为什么动物医生需要做这么多检查，这篇我想再深入谈谈某些听起来有点可怕的检查，虽然可能会让毛爸妈为之却步，但对动物医生来说却是非常重要的，是可以得到很多宝贵信息的检查。

肉包？菜包？豆沙包？还是其他内馅？

想象你面前的桌上摆了一个包子，没有任何标识。而你是一个非常挑食的人，你必须要想办法在吃它之前，知道它的内馅是什么，有什么方法可以办到呢？

首先，我们可以从它的外观来推测，如果表面渗出一些油脂，是豆沙包的可能性就比较低，比较可能是咸的肉包或菜包，如果底层有煎过的痕迹，我们还可以推测它可能是水煎包。第二，我们可以试着摸摸看它的触感，如果干干松松的，可能怀疑是豆沙包或其他甜馅，如果里面比较厚实，轻轻一捏又有汤汁渗出，就会比较怀疑是咸的肉包。当然我们还可以闻闻看它的香味获得一些线索，但是以上这些方法都很间接，没有办法真的很准确的确认内馅到底是什么。

你一定会想，干吗这么麻烦？直接把包子切开不就看得一清二楚了吗？

没错，这真的是最清楚明了的方法，能够得到最准确的答案。而这个答案事关重大，影响着你到底要不要把这个包子吃掉（呃……怎么听起来好像不太重要……）。

里面装什么内馅，真的很重要

身为一位动物医生，我们常常遇到这样的问题：

"医生、医生，他背上长了一个东西！这是什么？"

这个问题，就像在问我们包子里面包了什么馅一样。为了回答这个问题，我们通常会先看它的外观，表面是平整的还是凹凸不平的？有没有发红、肿胀？接着我们会摸摸看它的质地，是柔软还是坚硬？有没有粘附底下的肌肉？综合以上，我们可能可以给你一个大概的猜测。

"我觉得这个应该是香港买来的奶黄包。"

喔，对不起搞错了，我还在猜测包子，应该是……

"我觉得这个应该是皮肤表面的腺体增生。"

而通常接下来另一个毛爸妈关心的问题就是：

"那需不需要做手术把它切掉？"

一般来说如果是良性的团块，通常生长比较缓慢，也不会侵害其他组织，是可以不用处理的。但如果是恶性的肿瘤（也就是俗称的癌症），如果不理它，它就会很快地扩散，稍微一拖延就有可能危及生命。这个时候，包子里面装的是良性还是恶性的肿瘤，答案就非常重要了！别忘了，我们刚刚只是从外观和触摸来推测它的内馅，这是非常不可靠的。更不用说，万一这个团块是长在肚子或胸腔里面，我们只能透过X光或超声波看到它的样子，甚至摸不到它，在信息这么少的情况下，要得知良性还是恶性，真是非常困难的任务！

要准确知道包子的内馅是什么，切开来看是最清楚的。同样的，要知道这个团块是什么，手术切除把它整颗拿去化验是最准确的。如果我们破釜沉舟，不管是什么都一律切除，宁可错杀一万不要放过一个，这样当然是一网打尽的方式。但我们面对的是毛孩，是家里的宝贝，要不要做手术对我们来说是非常重大的决定，可不是一个包子这么简单。我们当然都希望尽量减少对病宠的伤害，又不希望只是胡乱猜测拖延了病情。如果能够用最小的代价得到答案，是良性的就可以少挨一刀，是恶性的我们再大刀阔斧切除，这样应该是最理想的吧！

所以你的动物医生通常会告诉你："我目前看起来比较怀疑它是_____，但我们不能确定它到底是良性还是恶性，必须做进一步的采样检查才能确认。"

什么是采样检查？

所谓采样，其实是"采取样本"的简称。采取什么样本？就是从动物身上发生病变的位置，取出一小部分的检体去化验，这些检体可能是动物体内蓄积的液体，或者是肿瘤的细胞，或是一小块病变组织。得到样本之后，我们可以通过显微镜去检查里面的细胞是不是癌细胞、病变组织的结构生长的样子像不像癌症组织，从而判断它是属于良性还是恶性的团块，需不需要立即切除。

有哪些采样方式？

如果我们希望尽量减少伤口，不想大范围地将整颗团块切除，可以选择只切一个小伤口，取出其中一小块组织来化验。取组织可以通过以下几种方式：

1. **传统手术取得小块组织**
2. **内视镜微创手术取得小块组织**
3. **使用穿刺采样工具穿过皮肤取得小块组织**

这几种方法不需要留下很大的伤口，以团块在肚子里面为例，传统手术的伤口会比微创手术来得大，穿刺采样工具的伤口最小，但要准确采到肿瘤细胞的难度比较高。这些方法的第一个缺点是，通常还是需要全身麻醉或深度的镇静，所以麻醉的风险是毛爸妈需要列入考量的。第二个缺点是，由于只拿取团块的其中一部分，还是有非常小的可能刚好没有采到癌细胞组织（团块里面有可能化脓、发炎、并不一定塞满了癌细胞），所以准确度会比整颗切除化验稍微减少一些。但这几种采样方式已经是在准确度和伤口大小之间取得最佳的平衡，是目前最建议的诊断方法。

用最小的伤口，换取更多的信息

如果我们实在非常担心全身麻醉的风险，或者实在希望伤口更小，另一个选择是"细针穿刺采样"。顾名思义"细针穿刺采样"就是用一根很细的针戳进团块里面，抽取少量的细胞出来检验。这样的方式有几个优点：第一是伤口只有一个针孔大小，所以不用担心愈合问题，出血的机会也比较低；第二是这个方法通常不需要全身麻醉，只需要轻度镇静就可以完成，麻醉风险较低。

但这样的方法最大的缺点就是我们只能抽取零散的细胞来检查，没办法看到癌细胞组织的整体结构。所以准确度会再降低，错过癌细胞的机会也更大。通常这个方法如果看到癌细胞，就可以合理怀疑他是癌症（因为正常身体不会出现癌细胞），但如果只看到良性细胞，仍然不能排除是癌症的可能性（因为有可能只是刚好没抽到）。虽然准确度没那么高，但因为前述的优点，还是有满多毛爸妈会选择这个方法作为肿瘤检查的第一步。

有些毛爸妈挣扎后还是会说：

"可是我家宝贝身上长的东西很小，应该还好吧！可不可以不要检查？"

正如前面所说，毛孩身上长的团块，其实都有可能是恶性的癌症。如果团块还很小，代表你可能很细心，很早期就发现了，这个时候更要把握机会尽早做详细的检查，趁它还没变大之前就把它处理掉，以绝后患。否则一直拖延病情，本来可以轻松解决的问题也会变得越来越棘手，等癌细胞扩散到全身，就真的束手无策、后悔莫及了！

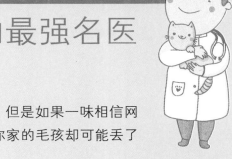

你不相信我，却相信它？
传说中无懈可击的最强名医

互联网上的猫狗社团固然立意良善，但是如果一味相信网友的发言，动物医生不会丢了饭碗，但你家的毛孩却可能丢了性命！

诚如前面提过的，医学的进步一日千里，医学知识浩瀚无垠。身为一位动物医生，我每天都兢兢业业地不断进修，阅读最新的研究论文，参加大大小小的研讨会来学习最新的技术。在我们这一行，有非常多认真上进的医生，我也见过不少白天上班、晚上上课，第二天再继续上班的动物医生，这些勤奋不倦的动物医生，后来有不少都成为了医术高超、宅心仁厚的好医生。

但在我们这一行（也许不只我们这一行），还是有位深受广大饲主信赖、永远不会出错、让大家怎么努力都无法望其项背的最强名医！

他的名字，叫做"互联网医生"。

经验不等于专业，三折肱也不会成良医

相信很多认真的毛爸妈在毛孩来到家中的第一刻起，就已经在互联网上收集了很多信息，了解如何给他们最好的照顾。而当毛孩生病的时候，一定也是第一时间先查查网上有没有人有类似经验，有什么能够为他做的？作为一位动物医生，在门诊中遇到已经做好功课、具备正确知识、很有态度的饲主，是非常开心的，因为在沟通上能够事半功倍，更快让毛爸妈了解小朋友现在的病况，及时选择最好的治疗。可惜的是，这样顺利的情况并不多见，由于网上充

斥着太多混乱的信息，很多时候反而造成毛爸妈在看病之前已经有先入为主的成见，进而不相信医生。

"可是网上都说……！"

"可是我查到的不是这样呢！"

"可是我听说吃那个什么药就会好了哦！"

有时候门诊反而变成要花更多的时间来破解网上谣言，当然如果毛爸妈愿意听，动物医生还是很乐意努力指正大家的观念。但最惨的是，很多毛爸妈反而因此不信任动物医生说的话，甚至看完网上文章后就干脆自己处理，不看医生了，最终延误了病情，演变成不可收拾的后果。

发问： "我家北京狗今天发现有心脏病，医生开给他早晚 1 颗利尿剂药丸，大家有类似经验吗？"

网友： "我家的北京狗也是心脏病，他 1 天只吃半颗哦！你的医生开药开太重了吧！"

动物医生的自白：我的天啊！网友你不知道狗狗的体重、不知道他的病情多严重、甚至不知道他的药丸跟你的是不是同一种、含量是不是相同，怎么知道医生药开太重呢？心脏病的药自己随意更改，可是会有生命危险啊！

发问： "我家刚出生的小狗从肚脐掉出一大坨内脏，请问大家这是什么呢？（附图）"

网友： "那个是胎盘，妈妈自己会把他吃掉不用理它，或者你自己拿剪刀把它剪掉就好了。"

动物医生的自白：（大惊）那个是肠子掉出来啊！不能剪啊！一剪就死啦！赶快去医院啊！

发问： "医生说我们家 3 个月大的小狗得了先天性心脏病，建议手术及长期

药物治疗，请问我该让他做手术吗？"

网友："以我 30 年来超过 50 只的养狗经验，那种病长大就会好了，哪需要做什么手术！"

动物医生的自白：呃……我看诊的病例不到 1 个礼拜就超过 50 只了，有些严重的先天性心脏病根本活不到长大，越晚处理成功率只会越低，你真的了解吗？再说，很多爷爷奶奶也有几十年养小孩的经验，难道你生病了要找老奶奶帮你做心脏搭桥手术吗？

发问："我家的狗狗肠胃和皮肤一直不太好，需要长期吃药，有人有类似的经验吗？"

网友："我们家狗狗以前也是吃药都不好，自从我买了 ××× 保养品之后，药也不用吃了、皮肤也变好了、考试都拿 100 分！你私信我我告诉你哪里买，动物医生都在骗你钱啦！"

动物医生的自白：嗯……肠胃和皮肤不好的原因有很多，也许这个保养品很适合你们家狗狗，但不见得对别的狗狗一定有效哦！作为动物医生只想追根究底找到根本原因对症下药，让狗狗赶快痊愈，医不好只会显得我很糗而已，怎么是骗你钱呢？再说，难道网友的保养品是免费无限提供的吗？……

其实现在社交网站上都有很多不同品种动物的社团，或者各种疾病的病友社团，不少毛爸妈会互相交流对于某个疾病的照护方法，或者交流不同动物医院的看病经验。以经验和心得分享而言，这样的社团是非常棒的，可以让很多新手爸妈得到很多信息和帮助，对于去哪一间医院看病也可以有更多选择。

然而，我们必须谨记，经验分享终究只是个人的经验参考，不能变成线上的医疗咨询。因为每个毛孩都是独立的个体，他们的体型大小、体质、生活环境、病情的严重程度、有没有其他并发症等都是各不相同的，医师在没有亲眼看到动物，亲耳听诊、亲手触诊的情况下，所有的判断都只能是猜测，更何况是未经专业医疗训练的网友所提供的意见，是万万不能取代带毛孩去给医生看病的！个人的经验不见得适用于每个毛孩，错误的经验累积得再多，都不会变成正确的专业判断。

执照保护的不是我，而是毛孩啊！

除了热心的网友可能无意间造成误会及对动物医生的不信任之外，其实现在还会有一些不法分子，以谎称的学历、无中生有的所谓国外认证，收取高额费用替毛孩进行医疗咨询，这些没有执照的医疗行为都是违法且涉及欺诈、敛财的。也许有些人会认为，只要有愿意帮助毛孩的心，有没有执照很重要吗？你们动物医生指责别人没有执照，还不就是为了保住自己的生意而已！？

坦白说，执照保护的真的不是动物医生，而是患者的权益。无照行医者并不会让我丢了饭碗，但却会让你家的毛孩丢了性命。

那么，网上有这么多资料，我到底该相信哪个呢？

互联网时代要假造学历是非常简单的，尤其是国外的学历，一般人根本无从查证。毛爸妈除了以有没有兽医执照来判断真伪之外，也要注意有些人是以咨询师而非动物医生自称，用看似相关的学历来规避执照这个问题。一个简单的分辨原则就是：世界上所有跟犬、猫、宠物相关的医疗、健康咨询，几乎都是属于动物医生范畴之内的，大多不会有独立的科系。包括营养咨询、保健等都必须是动物医生才有足够的专业提供咨询，如果有人以非动物医生的身份提供咨询服务，那他可能并没有接受过营养、保健等相关的正规训练，甚至他所宣称的国外学历都可能是不存在的！

要确保自己找到正确的信息其实没有那么复杂，说白了就是"术业有专攻"而已。如果你想学怎么做菜，请教厨师最合适，如果你想知道正确的医疗知识，可以参考动物医生或者动物医院官方网站、粉丝页所提供的卫教文章，内容绝对都是真材实料、有凭有据，而且是可以负责任的。

选择信任的医院及动物医生

如果你已经去医院看了病，但还是觉得很慌张，需要多一些意见参考，或者是对于你看的医生、医院实在没有信心，这时候与其不安、焦虑、质疑，不如就赶紧找另一家比较信得过的医院寻求第二意见吧！就像我们人自己生了大病也会去多看几家医院一样，毛孩当然也该享受一样的权利，这在我所工作的香港是再自然不过的事情。身为动物医生，我是非常鼓励我的患者参考不同医院的意见的。因为我对我所提供的诊断及治疗有信心，我相信毛爸妈收集了更多意见之后，更能证明我的判断及建议是准确无误的。而且参考了更多的选项之后，毛爸妈也更能做出一个对毛孩最好、最完善的决定。

选择自己信任的动物医生，相信他在仔细检查之后所做出的专业判断，绝对会比虚无缥缈的互联网来得更可靠！

这世界上没有仙丹

保健食品到底有多神奇？

现代人讲究保健和养生，除了三餐食物要吃得健康之外，额外的营养品和保健食品也越买越多。家中的毛孩当然也不例外。

由于现在越来越注重毛孩保健问题，有很多细心的毛爸妈从小就替毛孩准备了很多营养补充品，提早保养身体，预防疾病的发生。而家中如果有老年罹患慢性病的毛孩，很多爸妈更是会积极寻找适合毛孩的保健品，希望能延缓疾病的恶化、增加抵抗力、减少药物的使用。

药品和保健食品，有什么区别？

所谓药品，指的是针对疾病有明确治疗效果的物质，通常都需要投入庞大的人力、时间和经费研发，经过多次的体外实验、动物实验和人体实验，证明它的药效确实有效，且安全性可靠，不会有严重副作用及毒性，再将所有资料送交行政管理部门审核认证，才能合法上市销售。所以一个能够合法销售，宣称有疗效的"药物"，往往要耗时一二十年，花上数千万甚至上亿元的成本，才能成功用在患者身上。这也是为什么很多人会觉得医疗费用昂贵，在人类医疗中可能因为有医保而感受不到，但动物没有医保，这些成本就会直接反映在医药费上。

但是，这些成本是非常必要的，经过那些大量实验，我们才能确保医生处方的药物对患者是真的有帮助，而且对身体无害，同时，经过大量实验数据的统计，我们也才知道有多少的几率、在什么样的情况下会出现什么样的副作用，也才知道这个药物跟其他的药物有没有冲突，对于孕妇、幼儿或老年患者有没有什么特殊的影响。每个药物都会有一份非常详尽的说明书，告诉医生和患者上述这些信息，让我们可以根据每个患者不同的状况、不同的体质来选择适合的药物。

很多人害怕西药有很多副作用，其实是因为这些西药早已经把所有可能发生的问题都研究清楚，并且把这些副作用的信息详尽地展现在你眼前。有些来路不明的药物，其实并非没有副作用，只是他们没有标明、甚至没有经过严格的实验去了解，只用夸大不实的广告词来蒙骗消费者。万一服用后出了什么问题，后果是不堪设想的。你也可能会发现，我们人类自己每次看医生拿到的药袋上，就算只是一般感冒药都会详列所有可能发生的副作用，但很多副作用可能从来就没有在你身上出现过。因为即使发生率很低，任何可能的副作用都还是应该要让消费者知道，这就是为何政府要严格规范各种药品的原因，对于消费者来说这也是非常重要的保障。

只能保健，不能治疗

那么，平常我们说的"保健食品"又是怎样的呢？依照健康食品管理相关法律法规规定，"健康食品"应具有实质科学证据的"保健功效"，并标示该功效，不以治疗为目的的食品，厂商须向行政管理部门申请批准，才可以称为"健康食品"。所以我们常说的"保健食品"也是受到法律制约，由政府把关，确认过它的功效没有夸大，才能合法以"健康食品"的名义销售。

但在这里要注意的是，"保健食品"只有"保健"的效果，并没有"治疗"效果。所以在健康的人和动物身上，你可以期待本来健康的状态得到维持，但如果是已经生病的动物，吃保健食品是没有办法让他痊愈的！适当补充营养品及保健食品，对于毛孩的健康是有益的。但如果你给毛孩服用保健食品是出于对西药副作用的恐惧，觉得西药伤身、有副作用，所以极力避免看医生吃药，买了一大堆保健食品，希望能从此取代药物，让生病的毛孩再也不用吃药，这种对于保健品的效果过度期待的心理，有时反而会害了毛孩，轻则浪费钱财、浪费时间却没有得到实质上的效果，严重的甚至可能延误就医、恶化病情、赔上毛孩的小命！

西药都有副作用、都很伤身？

"西药伤身"是很多人根深蒂固的刻板印象，所以很多人对于西药避之唯恐不及，就算生病了也不想看医生，看了医生也不想吃药，吃药也不肯按时吃、不肯遵照医嘱把整个疗程吃完，反正能少吃一次就是赚到，就比较不会伤身。然而，有很多药物是一定要按时服用一段时间才能见效，疗程也要完整才能铲除病因，随意地停药改药反而可能是害了自己。抗生素治疗就是一个最好的例子，很多人视抗生素为洪水猛兽，所以只要症状稍微改善就停药，但是抗生素必须要按时按量吃完一个疗程才能把细菌赶尽杀绝、清除干净，如果一下吃一下不吃、或是提早停药，残留下来的细菌就有可能死灰复燃，甚至培养出抗药性，造成本来的抗生素失去效果，结果就是疾病复发得更严重、更难治疗。因此，遵照医生的指示按时服药是非常重要的。

那么，西药是不是真的都有副作用呢？坦白说，的确大部分的药物都多多少少会有副作用，只是有些明显、有些不明显而已。你可能会想说："就说西药很伤身吧，果然没错！"。等等，先别急着否定西药，先冷静下来听我说。

我们可以想象身体是一个庞大且精密的仪器，当其中一个部分出故障的时候，就可能造成整个仪器无法正常运作。我们使用药物就像是去改变其中的线路、更换其中的小零件，试图让仪器恢复正常。但是调整其中一个小零件势必也会影响到跟这个零件相关的其他运作，产生一些我们不想要的影响，如吃感冒药可能会同时造成爱困、想睡觉的影响，这就是所谓的副作用。由于身体的运作实在是太精密，一环扣着一环、牵一发而动全身，所以一个强效的药物，几乎难免会有些许的副作用，但我们可以通过研发改良来尽量减少副作用对身体的危害，这也是为什么药物都必须要经过不断的实验来确保它的安全性，才能上市销卖供大家使用。在医学发达的现代，很多药物的副作用都已经减少到几乎感受不到、不影响正常生活或是只有很低的几率才会发生，所以对于副作用其实是不用过度担心的。

那有没有完全没有副作用的药物呢？几乎没有，有些可能只是目前没有明显的副作用被发现、或者只是目前医学上对这个药物的了解还不够透彻。什么样的药物是几乎没有副作用的呢？通常药效越不明显的药物，副作用也越少。这是很合理的，如果仪器的内部零件坏了，你却只是清除表面的灰尘，那当然不会造成什么不可预期的副作用，但相对的，对于故障问题的改善效果也可能会非常有限。

中药和保健食品是不是就完全没副作用？

那么中草药或保健食品是不是就没有副作用了呢？答案是错误的，副作用还是存在。一般观念中的中草药讲究的是慢慢调整体质，效果没那么立竿见影，花一段时间让身体慢慢改变、适应，再加上配伍来搭配调整，副作用自然也就没那么明显。但中药也不见得都是温和的，也有些中药的药性很强，并不建议长期服用。至于保健食品，如同前面所说的，本来就对疾病没有治疗效果，在保健方面，通常也需要长期服用才会看到变化（也有可能完全没有变化）。既然效果不明确，当然副作用也就更不明显了。不过，任何事情都是过犹不及，就算是白开水喝过量了也有可能会水中毒，所以千万也不能因为保健食品没有明显副作用就盲目乱吃，结果适得其反就得不偿失了。

我也常听到毛爸妈跟我说：

"可是我听人家说某某病吃某某保健食品很有效呢！大家都赞不绝口！"

在医学上有个名词称作"安慰剂"。当一个新的药物在做临床试验确认它的药效时，通常会把实验对象分成两组，一组给予新药，另一组给予外观长得跟新药一模一样、但是不含新药成分、对身体没有影响的"假药物"。所有人包括医生、病宠、饲主拿到的药都长得一样，没有人知道他们手上的"药物"到底有没有新药成分在里面，等到实验结束，要分析结果时研究人员才会知道。为什么要这么做呢？因为人很容易产生各种心理作用，当你知道你拿到的是药的时候，你潜意识就会认为它是有效的，或是有副作用的、会对你身体有影响的，所以吃药后汇报给医生的结果就会受到心理作用的影响，而医生也可能被心理作用影响造成判断上变得不客观、不准确，所以为了排除心理作用的影响，就必须让所有人都以为自己拿到了真的药物。有些人甚至会因为吃了药之后觉得安心了、压力释放了，心理作用就让症状改善了，实际上他吃的"药"根本没有药物成分，只是一个安慰效果，所以我们就称之为"安慰剂"。

有些人觉得某某保健食品有神奇的功效，让疾病不治而愈，其实很多情况都是属于前面所说的"安慰剂"的效果。毛孩不会说话，很多表现出来的样子都是经过了毛爸妈的解读，所以当毛爸妈买了保健食品给他们吃的时候，因为相信产品的功效，心理作用就会很容易放大解读毛孩的改变。有时候毛孩并非真的有改变，有时候改变其实很小，也有的时候只是因为随着时间的流逝，症状自己慢慢改善了、病因解除了、身体的免疫系统恢复了等等，并非真的是保健食品造成的改善。更不用说，还有一些不法分子会夸大保健食品的功效、撰写不实的使用心得、违法宣传对疾病有疗效等等，这些不实的网络信息，都应该善加过滤，才不会受骗上当。

另一种毛爸妈也常这么说：
"但是我带毛孩去看了医生，动物医生也是让我给他吃保健食品呀！"

当然，确实也有些保健食品是经过科学实验证实对疾病有辅助效果，动物医生在了解产品背后的证据和机理之后，也会作为辅助治疗的一部分来建议饲主。

有3种情况，医生会建议吃保健品

动物医生建议使用保健食品，最常见的有3种情况：

1. 动物目前完全健康，建议饲主给予保健食品以维持目前健康的状态。
2. 动物有些小小的不舒服，经过详细检查之后认为问题不大，还不到需要药物治疗的地步，但是可以先给予保健食品作为保养。最常见的就是皮肤、关节等方面的保健食品，有些保健食品确实有改善肤质、减少过敏、润滑关节的效果，可以帮助改善症状。

3. 动物有长期慢性的疾病，动物医生评估情况后认为可以将保健食品加入治疗计划当中作为辅助。最常见的如心脏病、肾脏病等，有些保健食品在医学上已经证实可以配合药物使用来延缓疾病的恶化，我在前面的案例部分也有针对不同疾病做过个别介绍。

　动物医生在建议给予保健食品的时候，一定都是经过完整审慎的检查和评估，确保不会对动物造成不良影响才给予的。除了要考量不会与本来正在服用的药物冲突之外，动物医生也会考量喂药方不方便以及喂药对动物造成的紧张感。有些猫咪一餐吃十几颗药和保健品，光是强喂这么多东西的过程就会造成猫咪的不适了，长期来说实在不是好事。

　总结来说，保健食品的效果就是"保健"，我们不应该对保健食品有过度的期待。它们对疾病的效果都只是辅助的，无法直接取代药物的疗效，更无法取代医生的诊断和治疗。如果你在治疗毛孩疾病的同时希望配合其他保健食品的辅助，建议应该向毛孩的主治医生咨询，确保这些产品真的对毛孩有帮助，也确保不会买到来路不明的商品。更重要的是，如果吃了之后有什么问题，动物医生也能负起责任及时处理，给予适当的治疗。千万不要在网络上随便购买来路不明、成分不清的产品，这样才不会出了问题求助无门、赔上毛孩的健康。

快乐出门，也要平安回家

带毛孩出门之前，
你做好准备了吗？

难得晴空万里的休息日，是大家出游的好时机，尤其家里活泼好动的汪星人更是难掩兴奋。如果你也跟我一样打算带家中的毛孩到郊外走走的话，别忘了准备工作还是要做足，才不会乐极生悲哦！

首先，如果家中的毛孩不到6个月大，还没施打完第1年完整的疫苗计划的话，是不适合出门玩耍的，更不适合接触其他毛孩朋友哦！因为幼犬、幼猫的免疫系统还没健全，对传染病的抵抗力不足，很容易就会被病毒感染。这些病毒通常通过已经患病的狗、猫传播，但也可能潜藏在被粪便或飞沫污染的环境当中，小朋友对周遭事物很好奇，到处舔咬、嗅闻，就有可能不小心中招。

还没打完第1年的疫苗先别出去

有些爸妈以为有打过1针就能出门，其实是错误的，在第1年的疫苗计划当中，通常第1针的作用只是中和掉初乳抗体，需要再补强第2、3针才能拥有完整的保护力。我遇到过很多打完第1针就出门的小朋友，甚至还去宠物展这种大量狗狗聚集的地方，往往不小心就得了严重的传染病，甚至一命呜呼，实在不值得呀！如果是已经超过1岁的成犬，也记得每年要到医院补强疫苗的效力，才能持续得到保护哦！

除了每年定期接种疫苗之外，还要记得每月或每3个月（依预防产品效力而定）定期预防跳蚤、壁虱和心丝虫。郊外尤其是有草丛、土壤的地方，是最容易遭到跳蚤、壁虱感染的，跳蚤除了会造成毛孩皮肤发炎、发痒、过敏之外，还可能带回家传染给其他家人，非常麻烦。而壁虱除了会吸毛孩的血以外，还会传染血液寄生虫，造成严重的贫血和血小板低下，甚至凝血功能出现障碍，严重甚至可能致死，非常可怕！

心丝虫则主要通过蚊子传染，在气候湿热的地区，要使环境中完全没有蚊子几乎是不可能的，所以感染的病例也非常常见。受到心丝虫感染的狗猫，会有大量的虫体寄生在肺动脉及心脏里面，当这些虫繁殖得越来越多，就会造成咳嗽、体力变差、消瘦等，如果虫量多到影响血液流动，就有可能造成红细胞严重破坏及心脏衰竭，甚至造成死亡，是非常可怕的疾病。所幸因为医学的发达，这些疾病都能通过每1～3个月的预防药来保护毛孩免于被感染，即便是不出门的毛孩，也建议都要定期预防，因为这些病原还是可能粘附在家人鞋底的泥沙中被带回来。有些毛爸妈为了省钱不做预防，但是一旦患病之后的医药费可能是预防药的好几倍，还要赔上毛孩的健康，绝对是得不偿失呀！

不管上山还是下海，千万别忘了喝水

很多毛孩身上有又厚又长的毛发，对于室外的高温是难以忍受的，所以一定要小心毛孩中暑的危险性。要避免中暑，第一件事就是要记得补充水分，所以毛孩出门可以不带零食，但千万不能不带水，随时准备一碗干净清凉的水，可以让毛孩适时补充水分及降温。如果在大太阳底下玩耍，至少每20～30分钟就要回到阴凉处休息，年轻好动的大狗如拉布拉多或黄金猎犬，常常一玩起来就不知节制，毛爸妈一定要适时制止他们以免不小心超过体力的负荷。

如果不慎发生中暑，毛孩可能会出现全身发烫、无力、严重喘气，甚至失去意识。如果有这样的状况，可以用大量的冷水冲洗、浸泡来降温，并且尽快送医。切忌使用冷水或冰块降温，因为太低的温度会造成皮肤表面血管收缩，反而让高温的血液全部集中到内脏去。送医后医生除了会做紧急的处理外还会做详细的血液检查，因为全身高温的状况有可能会造成多个器官衰竭甚至死亡，即便急救成功都还需要一段时间观察有无后遗症，所以毛爸妈千万要小心，以免乐极生悲。

如果想带毛孩到山上或海边玩耍，也要注意不要超过毛孩的体力负荷。如果想带毛孩游泳，可以穿上宠物救生衣，让他们多一份保护。尽量避免让毛孩在山间的溪流游泳，除了水流较急、地形比较复杂之外，山间的溪流也是容易被传染"钩端螺旋体症"的地方。钩端螺旋体是一种细菌，通过携带者的尿液传播，而最常见的携带者就是老鼠。狗狗一旦被钩端螺旋体感染，会在短时间内发生严重的急性肝肾衰竭，如果来不及治疗，数天内就可能死亡。而且这种传染病还会传染给人类，免疫力不好的老人、小孩可能也会被感染导致发烧不适，真的是非常可怕的传染病。虽然钩端螺旋体在常见的犬8合1或10合1疫苗当中都有预防，但因为这种病原有太多种类，目前的疫苗只能针对常见的几种做保护，还没办法覆盖到所有种类，所以还是要避免狗狗有任何接触到病原的可能性比较好。

狗狗一定要系牵绳，猫咪则建议使用外出笼

如果只是想带狗狗在城市里的马路、公园走走的话，切记最重要的事情——务必系上牵绳！很多人觉得家中的毛孩训练有素，会紧紧跟着自己，就算走远了，只要叫他就会回来，所以不需要使用牵绳，这样才能无拘无束地奔跑。

如果这样的场景是发生在一望无际的草原，我完全赞同应该让毛孩自在玩耍，但如果是在城市里面，就千万不可以尝试了。很多毛孩确实训练有素，但发生意外往往是在他们受到惊吓、失去判断能力的时候，最常见的就是小型狗被大型狗吠叫、追咬，因为惊吓而拔腿狂奔，跑到马路上就发生车祸了。在我们兽医师的门诊当中，10个车祸的病例里面大概有9个都是因为没有系上牵绳，本来只是一个小动作就可以避免这种悲剧发生的，细心的毛爸妈们千万不要偷懒啊！而牵绳的使用也以胸背带取代传统项圈较佳，传统项圈在用力拉扯的时候可能会勒到狗狗的脖子和气管，不小心就会造成受伤甚至窒息，胸背带让狗狗的身体平均受力，一般不会对狗狗造成额外的伤害。

太阳太晒时，可以考虑让毛孩穿鞋

另外，出门遛毛孩也记得要带上一瓶水、几个塑胶袋和一包面纸。除了可以帮毛孩补充水分之外，也可以冲洗毛孩的尿液。粪便务必自行用塑胶袋和面纸捡拾丢弃，维持环境的整洁。走在路上要记得随时注意毛孩的动向，有时他们会因为好奇心而舔到或吃到不该吃的东西，毛爸妈要随时制止以免发生中毒或异物堵塞问题。晴天时的柏油或石头路面往往被太阳晒得发烫，如果毛孩赤脚踩在地上，也有可能会造成脚垫发炎、脱皮等，建议可以给毛孩穿上专用的鞋子，避免烫伤。不管有没有穿鞋，回家后都记得要帮毛孩将脚底清洗干净并吹干，除了可以避免把脏东西带回家中之外，还可以避免毛孩自己过度舔舐造成趾间发炎。

猫咪因为通常比较少出门，所以在本篇里介绍得不多，但如果真的要带猫咪出门，就不适合使用牵绳了，因为没有遮蔽物会让他们非常紧张，而且猫咪惊吓时的跳跃是很难控制的，使用牵绳反而可能造成更多伤害，还是选用外出笼为宜。不过有时也会遇到一些毛爸妈拿幼猫时用的小外出笼来装已经6、7千克的成猫，实在惊悚，就算喵星人号称会缩骨功也不能这样硬挤，一不小心可是会闷死他们的呀！所以外出笼还是必须选择符合他们体型的适当大小，并且通风良好的款式。也可以在笼子里面放入他们平常常玩的玩具或睡垫，减少他们的紧迫感。把这些准备工作都做齐全了，出门才能玩得更尽兴哦！

他们可能"不只是老了"

该如何面对毛孩的
老年慢性病？

随着医学的进步，毛孩已经比以前更加长寿。在二三十年前，宠物的平均寿命可能只有8岁，而到了现在，十几岁的老狗、老猫已经是稀松平常，甚至20岁的老爷爷、老奶奶都偶尔可以见到。

毛孩能够陪伴我们的时间变长，当然很开心。但随之而来的，也是更大的责任。就跟人类一样，毛孩年老之后，也会有很多老年疾病产生，近年来包括癌症、心脏病、肾脏病等老年疾病，已经盘踞宠物十大死因的前几名，身为毛爸妈的我们，到底该如何早期发现这些问题，又该如何帮助这些爷爷奶奶们与病魔长期抗战呢？

该如何发现老年疾病？

其实只要我们细心留意，要发现老年疾病并不困难。只要你随时注意毛孩的生活习惯，包括前面提到过的精神、食欲、大小便正不正常等等，都是很重要的线索。除了这些之外，也可以留意毛孩有没有任何跟以往不一样的地方，有些我们以为"只是老了"的变化，其实可能是老年疾病的症状哦！常见的例子包括以下这些：

1. 以前会跳上跳下的毛孩，现在行动变得缓慢，上下楼梯变得吃力，甚至连沙发都跳不上去——这种状况经常是老年退化性关节炎的问题。

2. 家里的狗、猫老了之后常常咳嗽、喘气、体力变差。以前可以散步1小时都不会累，现在走几步路就好喘，甚至休息睡觉也喘——这类状况有可能是

老年心脏病、呼吸道（慢性支气管炎、气管塌陷）等方面的问题

3. 猫咪老了之后好像很容易口渴，水越喝越多好像永远都喝不够，每次清猫砂都发现他的尿块很大，比其他猫咪大好多——这种状况我们称为"多饮多渴"，最常见是肾脏病、糖尿病或其他内分泌的问题。

4. 狗狗明明没有吃特别多，但就觉得他的肚子好像越来越大，站着的时候，肚子甚至还会垂下来，好奇怪——肚子异常胀大可能跟内分泌有关，也可能是心脏病造成肚子里面积水，或者内脏肿大、肚子里面长了肿瘤等。

5. 不知道为什么，老了之后越来越瘦，以前的很多肥肉现在都不见了，背上的骨头越来越明显，好像皮包骨一样——各式各样的老年疾病都会造成消瘦，包括癌症、肾病、糖尿病等，需要进一步检查才能确认。定期测量体重是帮助我们发现毛孩生病很重要的信息哦！

以上只是一部分常见案例，只要发现任何异常，都可以随时找你的动物医生咨询，或在每年打预防针的时候请医生做个健康检查。这些小小的蛛丝马迹，往往就是帮助我们早期发现问题的重要信息！

毛孩被确诊老年慢性疾病，接下来该怎么办？

慢性病的照护，是非常考验毛爸妈的耐心、细心与恒心的。慢性病不管在人或者动物，代表的都是一个只能控制、无法痊愈、不会回头的疾病过程。就算我们尽了最大的努力，也只能让这个疾病稳定，或者减缓恶化的速度，但我们都知道，他只会越来越差，甚至在心衰竭或肾衰竭这类疾病的情况下，我们心里已经有数他终究会走向死亡。所以当毛爸妈得知毛孩患了慢性病的时候，等于是宣告了一个长期抗战的开始，甚至是提早宣告了死神的来临。那代表着从今以后不管是家人或小朋友都得学习跟疾病共存，代表着未来的生活形态会因为疾病的照护而大幅度地改变，疾病不只折磨着毛孩，也同时折磨着照顾他的毛爸妈，那个心情，真的是震惊、沉重而绝望的。

有句俗话说"久病床前无孝子"，我年轻的时候不能理解，但随着行医越来越多年，也越来越有深刻的感受。慢性病的照护，最基本至少会需要毛爸妈

固定时间喂毛孩吃药。以糖尿病而言，可能会需要固定时间注射胰岛素，若以肾衰竭而言，则可能需要固定时间给予皮下输液治疗。

毛爸妈除了要学习操作这些技巧之外，还得确保每天都能有时间做到，或者能找到其他人代为处理，光是这样的要求就已经会大幅度地影响生活作息或休假的计划。但是，毛孩并不知道我们这么做是努力地在帮助他们，他们可能会抗拒、挣扎，甚至发脾气咬人、抓伤毛爸妈，所以每次喂药打针，可能都要花上很多时间，费尽九牛二虎之力，还可能受伤。即便是这么努力细心照顾了，病情还是可能会恶化，不稳定的时候甚至突然晕倒、休克，毛爸妈除了要随时注意毛孩的状况之外，可能还要时常反复跑好几次急诊。这样长期的压力煎熬，长久累积下来，真的会让人觉得心力交瘁。

这么多的困难，我该如何面对？

面对这样的挑战，我首先想要给毛爸妈们的心理建议是：任何生命都会老去，包括你和我。我们无法阻止死亡的来临，但可以陪毛孩舒服地走完最后一段路。所以通常我会建议毛爸妈放宽心，我们的目标不是要让毛孩完全康复，而是要让他与疾病共存。只要尽力而为，让生病的毛孩也能有良好的生活品质，这样就够了，最终的结果，就交由上天安排。

第二个我想要给毛爸妈的心理建议是：慢性病的照护，除了毛孩之外，其实毛爸妈也是主角。毛爸妈的需求，和生病的毛孩一样不容忽视。发现毛孩生病之后，有很多认真尽责的毛爸妈会将照顾的责任一肩扛起，牺牲所有休息时间细心呵护毛孩，甚至丢下工作来照顾。每次看到毛爸妈能愿意为毛孩做这样的牺牲，我心底都肃然起敬，但另一方面，也会很担心毛爸妈因此而累坏。别忘了，慢性病是要长期抗战的，战线甚至可能拉长到好几年，所以过度的牺牲不是长久之计，反而会更容易撑不下去。量力而为，适时休息，松一口气，才能长久维持啊！

第三个我想要建议的是：适时寻求家人、朋友和医生的帮助，不需要孤军奋战。在照顾慢性病宠的过程中，总会有心力交瘁的时候，有时可能工作太忙，或者需要出差长时间不在家，如果一个人孤军奋战，一定会很难兼顾。所以最好能在照顾的过程中请家人、亲友适时地分担一些工作，熟悉整个照护的流程。这样当自己实在抽不出身的时候，还能有人代为照顾，还能有机会安排假期休息。当然别忘了，你的家庭动物医生也是你最好的朋友。在照护上有任何的困难之处，都可以随时向动物医生咨询，我们可以尽量配合家人的作息，调整回诊的时间、次数，调整给药的频率、方式，或者选择其他替代的药物。在慢性病的治疗上，饲主能不能配合，对医生来说也是非常重要的。所以千万不要勉强自己，给自己太大压力，有任何困难，都欢迎随时告诉医生哦！

有时，这是最好的解脱

离别的时候
该怎么说再见？

安乐死，是个令人听了总是躲避不及的词语，人类的安乐死在社会上仍有许多道德的讨论空间，但是许多国家的法规中，动物是允许被安乐死的。

什么样的情况，会选择道别？

动物病患能够选择以安乐死的方式来终结永无止境的病痛折磨，其实是比人类患者更幸运的事情。但是如何协助毛爸妈做出没有遗憾的选择，却是每一位动物医生都必须面对的考验，几乎所有动物医生都面临过生死抉择的两难，必须不断经历离别的哀伤，才能锤炼出面对生命的智慧。

依照2013年美国兽医协会针对安乐死所提出的建议，当动物饱受病魔折磨，这种痛苦是难以忍受、无法痊愈、严重影响生活品质、甚至造成动物失去求生意志的时候，这种情况下，我们就应该思考让病宠继续延续生命，是否其实比死亡来得更糟。兽医师会依据医疗专业评估动物的病情以及对治疗的反应，如果预期动物即使继续治疗也不见得能好转，且必须无止境地承受痛苦，我们就会在必要的时候为毛爸妈提供这个选择。

这类情况大多都是不可逆转、无法痊愈的慢性病，常见的例子包括晚期癌症、晚期器官衰竭（如肝、肾衰竭）、剧烈疼痛（如动脉血栓症）、严重败血症、全身性出血、无法改善的呼吸困难、无法控制的上吐下泻、严重衰老等。通常我们在治疗开始之前就会先询问毛爸妈在万一的状况下要不要施行急救？倘若动物真的饱受折磨，也可能会在还没休克之前就建议进行安乐死让毛孩舒服地离开。

我怎么忍心亲手结束他的生命？

的确，在疾病有机会痊愈，或至少能放手一搏的状况下，动物医生都不会轻易地考虑安乐死这个选项。然而就像前述的那些情况，有些毛孩每天必须忍受剧烈的疼痛、无法进食、甚至唯一清醒的时间就只能看着天花板度过一整天，身为照顾者的我看着他们虚弱的身影，真的都会于心不忍。

想象自己如果面对跟他们一样可怕的病魔，到了这个地步，也许我也会觉得死亡反而是一种解脱。当然，与毛孩的相处最多时间的还是毛爸妈们，只有家人才能最深刻了解毛孩的感受，做出对他们最好的选择。不可否认，也有少数严重的病例在毛爸妈的坚持及细心照顾下后来出现了奇迹，因此动物医生只能提供专业协助，最后要在什么时间点以什么样的形式道别，还是会交由毛爸妈们共同讨论来决定。

很多毛爸妈会问一个关键的问题：
"安乐死的过程是怎样的呢？"

安乐死的目的，是希望毛孩能在睡梦之中，没有痛苦地离开。因此通常安乐死的方式，都是利用高剂量的麻醉剂，先让毛孩进入深度、过量的麻醉状态，让他们失去所有知觉而无法苏醒，之后再给予一剂停止心跳的药物让毛孩的心脏完全停止，如此便能没有痛苦地离世。也有一些药物能够同时达到过量麻醉及心脏停止的效果，就不需要分两次注射，但不论是哪一种，达到的效果都是一样的平静安详。

通常在进行安乐死之前，我都会询问毛爸妈是否希望在旁边陪伴，如果能有毛爸妈陪伴在一旁，我相信毛孩一定也能更安心而没有牵挂。当然也有很多毛爸妈不忍心面对这样的画面而选择不要在场，也是完全没有问题的。附带一提的是，有些毛孩在打完药物心跳刚刚停止的那一刻，可能会出现一些肌肉抽动的反应，让在场陪伴的毛爸妈担心是不是药物失效，或是毛孩有痛苦，其实这些抽动只是在过世前正常的反射现象，毛孩本身是没有知觉的，不需要太担心。

照护者要面对的还有心力交瘁

然而，对于安乐死的取舍，除了毛孩的痛苦之外，有时还得纳入一些现实层面的考量，如毛爸妈的时间、能力、照顾的环境等，这种时候就会让这个问题再陷入更深一层的矛盾与两难。

记得10年前我在学校最后一年实习的时候，有一位病宠让我印象非常深刻。他是一只30千克重的黄金猎犬"多多"（化名），因为惊吓而不小心从6楼坠楼，造成脊椎骨折、严重错位、神经断裂、下半身完全瘫痪。即便受了这么严重的伤，躺在担架上进来，多多的前半身还是能勉强活动，双眼还是圆滚滚有精神地看着我们，只要有良好的止痛，多多的胃口也还是不错，可以在其他人的帮忙下喂他吃饭。多多这么严重的创伤，如果以现在进步的神经医学来看，也许还有一点机会治疗和康复，但在当时的医疗环境下，机会其实是非常渺茫的。当时主治的教授向多多妈妈提出了建议安乐死的这个选项，我印象很深刻，当时现场不管是多多妈妈还是在一旁实习的我，都觉得十分惊诧。

"他看起来还这么有精神，为什么要安乐死？"

"他还很有胃口，我还可以努力照顾他，我怎么能够就这样送他走呢？"

这是当时多多妈妈向我提出的疑问，年轻的我当下也回答不出来，因为当时我也是觉得还有机会再努力，所以我也鼓励多多妈妈试着照顾看看。然而，说话容易做事难，开始照顾之后，多多妈妈就面临了排山倒海般的问题。

由于多多妈妈是一个人住在老公寓的5楼，公寓没有电梯，多多又半身瘫痪，光是看一次医生进出家门就得需要请其他人帮忙搬运。多多因为瘫痪而无法控制膀胱排尿，所以多多只能等膀胱胀到撑不住的时候才能尿一些尿出来。长期任由膀胱胀大又会造成膀胱松弛感染，所以必须定时有人帮多多挤尿出来，通常一天至少也要3~4次。

多多体型很大，肌肉结实，对多多妈妈来说要帮他挤尿是非常累且非常花时间的。另外，如果长期同一个姿势卧床，很容易产生褥疮造成皮肤溃烂，所以每4小时就需要帮多多翻身一次，还要清理粪便、洗澡、喂饭等。一天下来做完这些事情已经很累了，但是瘫痪问题却不会有转机，只能日复一日地重复这么做，看不到尽头。然而，照顾者也需要休息，也可能想要离家去旅行，却没办法丢下多多没人照顾，换句话说，要把多多照顾好，多多的妈妈就必须牺牲自己的所有生活，几乎可以说是出不了家门。

两三个月后，我接到多多妈妈的电话，她告诉我，她现在想要带多多去接受安乐死的注射。那一刻我才体会到，多多妈妈在此时做的这个决定有多么心痛。她从对多多毫无保留的爱，到后来因为照顾而身心俱疲，最后萌生出必须结束多多生命的想法，如果不这么做，自己也会跟着倒下，但做出这个决定，带给多多妈妈的是多么巨大的罪恶感，甚至可能对瘫痪的多多已经产生了一些厌恶。我才发现，如果最终都要走到这一步，是不是应该在一开始就安乐死呢？当初的建议看似残忍，但如果由动物医生来承担这样的罪恶感，让多多的生命结束在大家都爱着他的那一刻，是否就能让多多妈妈和多多都留下最美的回忆呢？

在面对死亡之后，我才了解活着未必是幸福

多多妈妈的故事，让我想到有时在新闻中看到，长期照顾卧床子女的单亲爸爸或妈妈，在照顾了一二十年后，亲手杀死自己的小孩再自杀的人伦悲剧。这样的新闻，旁人第一时间看到一定会觉得动手杀人的照顾者应该遭到谴责，然而事实上，他们长期承受的压力及无奈、牺牲掉的时间及人生、看不到尽头日复一日的绝望，怎么可能是外人能够理解的呢？

生死这个课题，没有标准答案。这么多年来我学到的是，面对生命很多课题的答案都不是非黑即白，我们不能只用直觉去批判各种攸关性命的决定。

离别的时候，该怎么说再见？这个题目的答案，需要累积一生的智慧去解答。

没错，动物也能看中医！

用阴阳五行
照顾好你的毛孩

五行学说为我国古代的一种哲学学说，宇宙间各种物质都可以通过这5种基本物质的属性来归类，让我们从中医的阴阳五行观点出发，了解动物中医能为毛孩做到哪些事。

阴阳和五行学说是中华民族延续5000年的哲学理论，概括了古人对自然界发展变化规律的认识，为原始的归纳辨证法。约在春秋战国时期，阴阳学说被引用到中医学领域，成为传统医学的重要理论根据。

阴阳的性质：阴阳相互对立、依存，平衡

阴阳是一体两面，是相互关连又对立的关系。传统医学运用正反两面的观点来解释人体和疾病现象的属性。一般凡具有向上的、温热的、燥的、运动的、强壮的、兴奋的、轻的、明亮的、在外的、增长的等等特性者，都属于阳；与此相对的则属于阴。个体的体表属阳，体内属阴；背侧属阳，腹侧属阴：六腑属阳，如胆、胃、大肠、小肠、膀胱、三焦；五脏属阴，如心、肝、脾、肺、肾；亢进属阳，低下属阴等。但是，事物的阴阳属性并非绝对不变的，而是相对的、流动的。例如，胸与腹相对而言，胸在上属阳、腹在下属阴，但胸与背相对而言，胸又属于阴，而阴阳必须保持其相对平衡，才能维持正常的生理状态。阴盛则阳病（阳气虚），阳盛则阴病（阴液不足）；阳盛则热，阴盛则寒。

五行的性质与应用

五行中的五，指的是水、木、金、火、土；行指的是这5种物质的运动及变化。五行学说为我国古代的一种哲学学说，宇宙间各种物质都可以通过这5种基本物质的属性来归类，而且五行之间存在着生克制化的关系。中兽医学便借用五行学说来说明动物体的生理功能、病理变化，用以补充阴阳学说。

依据阴阳五行的学说，传统医学将其套用。例如，肺对应着七窍的鼻子，其形体对应是皮毛，所以若是皮毛失色枯燥，经常都是肺机能弱，是免疫力差的表现。鼻流清涕，肺受寒了，鼻涕黄稠黏浊，肺有热邪等等来解释，医生辨别了表、里、寒、热、虚、实后，再利用相生相克的原理，选择适合的药物来治疗调整，以现在角度看或许有点抽象，但西方发达国家也承认针灸的作用，也接受自然疗法或草药治疗，所以不管任何治疗方法都有其优点，找专业医生看诊及咨询才是重点。

五行的归类与动物器官对应一览表

自然界				五行	动物体				
五季	五味	五气	五色		五脏	五腑	五官	情态	形体
春	酸	风	青	木	肝	胆	目	怒	筋
夏	苦	暑	赤	火	心	小肠	舌	喜	脉
长夏	甘	湿	黄	土	脾	胃	口	思	肉
秋	辛	燥	白	金	肺	大肠	鼻	悲	皮毛
冬	咸	寒	黑	水	肾	膀胱	耳	恐	骨

五行的相生相克

五行相生：木生火，火生土，土生金，金生水，水生木。
五行相克：木克土，土克水，水克火，火克金，金克木。

附录 来帮毛孩按摩吧！

经常跟毛孩宝贝一起窝在家里的你，不如趁这个机会帮家里的毛孩进行简单按摩，既能增加彼此之间的亲密关系，也能促进毛孩身体健康哦！而选择这10穴位的用意是，在各部位有状况时，可以让读者在关注穴位之海中，第一时间可以有所依据，而猫咪在躯干选择了肾俞及膀胱俞，主要原因是临床上比较多见的肾脏病、膀胱炎的疾病，与狗有所不同。

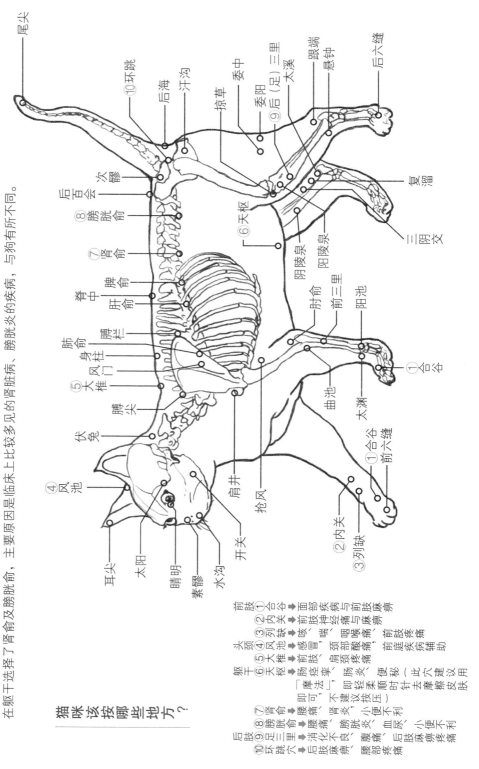

猫咪该按哪些地方？

前肢
①合谷 ➡ 面部疾病与前肢疾病
②内关 ➡ 胸部疾病、前肢疾病
③列缺 ➡ 咳嗽、气喘与前肢疼痛

头颈
④风池 ➡ 感冒、前肢神经病与前肢疾病
⑤大椎 ➡ 肩颈部喉咙酸痛与前肢麻痹

躯干
⑥天枢 ➡ 肠痉挛、肠炎（此穴建议去针，即可轻柔顺时针去按摩，「摩可法」）
⑦肾俞 ➡ 腰痛、肾炎、小便不利
⑧膀胱俞 ➡ 腰痛、膀胱炎、血尿、小便不利

后肢
⑨足三里 ➡ 消化不良、腹痛、后肢麻痹
⑩环跳 ➡ 后肢麻痹、腰部疼痛

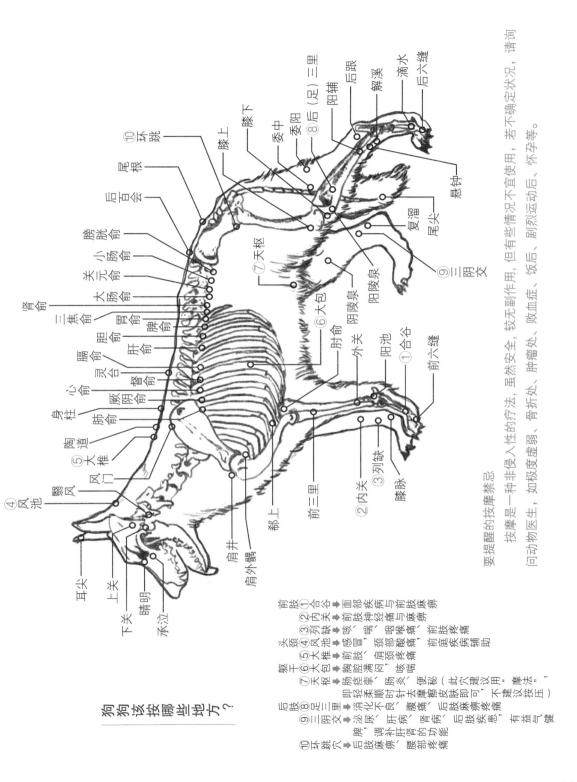

狗狗该按哪些地方？

前肢
①合谷 ➡ 前肢与面部疾病与前肢麻痹
③②内关 ➡ 前肢神经痛与麻痹、痉挛
③列缺 ➡ 咳嗽、喘息

头颈
⑤④风池 ➡ 感冒、咽喉痛、前肢疼痛
⑥大包 ➡ 肩颈酸痛、前肢、前庭疾病辅助

躯干
⑦天枢 ➡ 胸腔满闷、咳嗽喘息
即肠痉挛、肠炎、便秘（此时针去按摩擦皮即穴建议用轻柔顺时去按摩擦皮可建议压）

后肢
⑧足三里 ➡ 消化不良、腹痛、后肢麻痹疼痛
⑨三阴交 ➡ 泌尿、肝肾病、后肢疾患，有益气健脾、调补肝肾的功能

⑩环跳穴 ➡ 后肢麻痹、腰部疼痛、后肢疾患，能补脾肝肾（此穴不建议摩压）

要提醒的按摩禁忌

按摩是一种非侵入性的疗法，虽然安全、较无副作用，但有些情况不宜使用，若不确定状况，请询问动物医生，如极度虚弱、败血症、骨折处、肿瘤处、饭后、剧烈运动后、怀孕等。

图书在版编目（CIP）数据

宠物医生告诉你该怎么办：让毛孩陪你更久 / 叶士平，林政维，春花妈编著.—北京：中国轻工业出版社，2019.12

ISBN 978-7-5184-2622-5

Ⅰ.①宠… Ⅱ.①叶… ②林… ③春… Ⅲ.①猫病—常见病—防治②犬病—常见病—防治 Ⅳ.①S858.2

中国版本图书馆CIP数据核字（2019）第177606号

本书由橘子文化事业有限公司授权出版

责任编辑：贾　磊　　　　　责任终审：张乃东　　整体设计：锋尚设计
策划编辑：贾　磊　张　靓　责任校对：吴大鹏　　责任监印：张　可

出版发行：中国轻工业出版社（北京东长安街6号，邮编：100740）
印　　刷：艺堂印刷（天津）有限公司
经　　销：各地新华书店
版　　次：2019年12月第1版第1次印刷
开　　本：720×1000　1/16　印张：12
字　　数：200千字
书　　号：ISBN 978-7-5184-2622-5　定价：45.00元
邮购电话：010-65241695
发行电话：010-85119835　传真：85113293
网　　址：http://www.chlip.com.cn
Email：club@chlip.com.cn
如发现图书残缺请与我社邮购联系调换
190549S6X101ZYW